高等职业院校信息技术应用"十三五"规划教材

计算机应用基础
实训指导

杨兆兴 主编

王霞 张艳 吴梅 副主编

人民邮电出版社

北 京

图书在版编目（ＣＩＰ）数据

计算机应用基础实训指导 / 杨兆兴主编. -- 北京：
人民邮电出版社，2017.7
高等职业院校信息技术应用"十三五"规划教材
ISBN 978-7-115-45939-8

Ⅰ．①计… Ⅱ．①杨… Ⅲ．①电子计算机－高等职业
教育－教学参考资料 Ⅳ．①TP3

中国版本图书馆CIP数据核字(2017)第151846号

内 容 提 要

本书依据教材《计算机应用基础（微课版）》的章节内容编写，实训内容和教材内容紧密衔接，每个实训紧扣教材中的相关内容。本书共分 9 章，第一章至第七章是习题部分，内容涵盖计算机基础知识、Windows 7 操作系统、因特网应用、文字处理软件应用、电子表格处理软件应用、演示文稿软件应用、多媒体软件应用，题型包括单项选择题、多项选择题、判断题和实训题；第八章和第九章是 Windows 7 和 Word 2010 模拟练习。通过这些实训项目的练习，使学生掌握所学知识和技能，从而加强对学生实践技能的培养。

本书既可以作为高职高专院校、应用型本科院校和普通高等院校非计算机专业的计算机基础课实训教材，也可作为计算机初学者和各类办公人员的自学用书，还可以作为各类计算机培训机构的指定用书。

◆ 主　　编　杨兆兴
　　副主编　王　霞　张　艳　吴　梅
　　责任编辑　马小霞
　　责任印制　焦志炜

◆ 人民邮电出版社出版发行　　北京市丰台区成寿寺路11号
　　邮编　100164　　电子邮件　315@ptpress.com.cn
　　网址　http://www.ptpress.com.cn
　　北京鑫正大印刷有限公司印刷

◆ 开本：787×1092　1/16
　　印张：11.75　　　　　　　　　2017 年 7 月第 1 版
　　字数：296 千字　　　　　　　2017 年 7 月北京第 1 次印刷

定价：32.00 元

读者服务热线：(010)81055256　印装质量热线：(010)81055316
反盗版热线：(010)81055315
广告经营许可证：京东工商广登字 20170147 号

前　言

　　"计算机应用基础"课程是高等职业学校学生的一门公共基础课，通过本课程的学习，学生能掌握计算机基本操作、办公软件应用、因特网应用、多媒体技术应用等方面的技能。

　　本书根据教材《计算机应用基础（微课版）》的教学内容要求编写而成。每章实训以任务的形式展开教材的学习内容，通过实训能让学生了解计算机的实际应用，达到熟练操作、掌握技能的目的。本书根据不同内容的任务，以操作内容作为实训目的，确保学生能通过实训目的了解实训内容，并能够完成比较复杂的实训过程。

　　本书强调基础知识和基本技能的应用，同时对每个环节知识、技能的深度与广度有着小规模的拓展，旨在训练学生的学习能力，促使学生接受新知识和新技能，从而建构自己独特的学习能力，为今后适应计算机的快速发展奠定基础。

　　本书由杨兆兴老师担任主编并负责统稿，王霞、张艳、吴梅老师担任副主编，刘达、孙运习、张友海、刘鹏鹏、曲淑妙、张瑞军、周桂玉、高兴、杨瑞霞等老师参与了相关章节的编写工作，在此表示衷心的感谢。

　　由于计算机技术的发展势头迅猛，计算机教材的内容更新速度加快，加之编者水平所限，所以书中不妥之处在所难免，恳请各位读者提出宝贵意见，以便我们不断改进。

编　者

2017 年 3 月

目　　录

一、单项选择题

1. 世界上第一台电子计算机诞生于（　　）年。

    A. 1936　　　　　　B. 1946　　　　　　　C. 1965　　　　　　D. 1952

2. 世界上第一台电子计算机使用的逻辑部件是（　　）。

    A. 集成电路　　　　B. 大规模集成电路　C. 晶体管　　　　　D. 电子管

3. 电子计算机的工作原理是由美国科学家（　　）提出的。

    A. 牛顿　　　　　　B. 欧姆　　　　　　　C. 冯·诺依曼　　　　D. 爱因斯坦

4. 在计算机中，存储一个汉字占用（　　）个字节。

    A. 1　　　　　　　　B. 2　　　　　　　　C. 4　　　　　　　　D. 8

5. 各部门使用的档案管理、财务管理等软件，属于计算机应用领域中的（　　）。

    A. 实时控制　　　　B. 科学计算　　　　　C. 计算机辅助工程　D. 数据处理

6. 目前，计算机应用最为广泛的领域是（　　）。

    A. 科学计算　　　　B. 数据处理　　　　　C. 过程控制　　　　　D. 人工智能

7. 微型计算机系统由（　　）两大部分组成。

    A. 主机和系统软件　　　　　　　　　B. 硬件系统和应用软件

    C. 硬件系统和软件系统　　　　　　　D. 微处理器和软件系统

8. 计算机硬件系统由（　　）、存储器、输入设备和输出设备等组成。

    A. 硬盘　　　　　　B. 软盘　　　　　　　C. 键盘　　　　　　D. 中央处理器

9. 计算卫星飞行的轨道，属于计算机应用领域中的（　　）。

    A. 科学计算　　　　B. 过程控制　　　　　C. 人工智能　　　　　D. 数据处理

10. 在计算机中，一个字节由（　　）个二进制数组成。

    A. 2　　　　　　　　B. 4　　　　　　　　C. 8　　　　　　　　D. 16

11. 下列存储设备中，存取速度最快的是（　　）。

    A. 内存　　　　　　B. U 盘　　　　　　　C. 硬盘　　　　　　D. 光盘

12. 微型计算机的性能主要取决于（　　）。

    A. 内存　　　　　　B. 中央处理器　　　　C. 硬盘　　　　　　D. 显卡

13. 计算机的主机由（　　）组成。

    A. 运算器、控制器、内存储器　　　　B. 存储器、控制器

    C. 输入设备、输出设备　　　　　　　D. 运算器、控制器

14. 在计算机中，把磁盘上的数据传送到内存，称为（　　）。

    A. 写盘　　　　　　B. 读盘　　　　　　　C. 输入　　　　　　D. 以上都不对

15. 计算机的内存储器由（   ）两部分组成。

    A. ROM 和 RAM   B. RAM 和 CPU

    C. ROM 和 CPU   D. RAM 和磁盘

16. 应用程序必须装入计算机的（   ）中，才能运行。

    A. 软盘   B. 内存   C. 光盘   D. 硬盘

17. 计算机的内存储器中，能存入信息的部件是（   ）。

    A. 硬盘   B. 软盘   C. ROM   D. RAM

18. 计算机的发展是由（   ）的更新换代引起的。

    A. 主板   B. 内存   C. 磁盘   D. CPU

19. 关于 CD-ROM 光盘的描述中，说法不正确的是（   ）。

    A. 容量大   B. 寿命长

    C. 传输速度比硬盘慢   D. 可读可写

20. 切断计算机电源后，下列存储器中信息全部丢失的是（   ）。

    A. RAM   B. ROM   C. 软盘   D. 硬盘

21. 打印机按照打印速度由高到低排列，顺序依次为（   ）。

    A. 针式、喷墨、激光   B. 针式、激光、喷墨

    C. 激光、喷墨、针式   D. 喷墨、针式、激光

22. 微型计算机中的符号 VGA 表示（   ）的型号。

    A. 微机   B. 键盘   C. 打印机   D. 显示器

23. 当输入双字符键上面的字符时，应先按住（   ）键不放，再按双字符键。

    A. Esc   B. Shift   C. Enter   D. Alt

24. 计算机领域中，表示存储器容量时，1MB 的标准含义是（   ）。

    A. 1 024B   B. 1 024kB   C. 1 000k   D. 1 024 万

25. 在计算机系统中，存储数据最基本的单位是（   ）。

    A. 比特   B. 字节   C. 字   D. 字母

26. 目前，微型计算机中必不可少的输入、输出设备是（   ）。

    A. 键盘和显示器   B. 显示器和打印机

    C. 键盘和打印机   D. 鼠标和打印机

27. 在计算机系统中，显示器是一种（   ）。

    A. 存储器   B. 输入设备   C. 微处理器   D. 输出设备

28. 电子计算机按照其主要性能指标可以分为（   ）。

    A. 模拟计算机、数字计算机

    B. 单片机、单板机

    C. 数据处理机、科学计算机

    D. 巨型机、大型机、小型机、工作站和微型机

29. 当磁盘处于写保护状态时，磁盘中的数据（   ）。

    A. 不能读出，不能删改，也不能写入新数据

    B. 可以读出，不能删改，也不能写入新数据

    C. 可以读出，可以删改，但不能写入新数据

    D. 可以读出，不能删改，但可以写入新数据

30. 键盘上的 Caps Lock 键的作用是（　　　）。
    A. 退格键，按下后可以删除一个字符
    B. 退出键，按下后可以退出当前程序
    C. 大写字母转换键，按下后可以输入大写字母
    D. 组合键，与其他键组合使用才起作用
31. 下列说法中，不属于计算机特点的是（　　　）。
    A. 存储程序控制、工作自动化
    B. 具有逻辑推理和判断能力
    C. 处理速度快、存储容量大
    D. 不可靠、故障率高
32. 下列设备中，不属于输出设备的是（　　　）。
    A. 显示器　　　　B. 打印机　　　　　　C. 鼠标器　　　　　　D. 绘图仪
33. 下列设备中，包括输入、输出和存储设备的是（　　　）。
    A. CRT、CPU、ROM　　　　　　　　B. 磁盘、鼠标、键盘
    C. 鼠标、绘图仪、光盘　　　　　　D. 磁带、打印机、显示器
34. 人们为某一需要而为计算机编制的指令序列称为（　　　）。
    A. 软件　　　　　B. 程序　　　　　　　C. 命令　　　　　　　D. 字符串
35. 系统软件与应用软件的关系是（　　　）。
    A. 前者以后者为基础　　　　　　　B. 互为基础
    C. 互不为基础　　　　　　　　　　D. 后者以前者为基础
36. 计算机软件系统分为（　　　）两大类。
    A. 应用软件和系统软件　　　　　　B. 操作系统和数据库管理系统
    C. 文字处理系统和编译软件　　　　D. 信息管理软件
37. 完整的计算机软件是指（　　　）。
    A. 供大家使用的程序　　　　　　　B. 各种可用程序
    C. 程序连同有关说明资料　　　　　D. CPU 能够执行的所有指令
38. 在计算机系统中，操作系统是（　　　）。
    A. 计算机和用户之间的接口
    B. 主机与外部设备之间的接口
    C. 软件和硬件之间的接口
    D. 高级语言和机器语言之间的接口
39. 在计算机系统中，操作系统的作用是（　　　）。
    A. 把源程序译成目标程序　　　　　B. 便于进行数据管理
    C. 控制和管理系统资源的使用　　　D. 实现软硬件的转换
40. 以下系统软件中，不属于操作系统的是（　　　）。
    A. DOS　　　　　B. Windows 7　　　　C. FoxPro　　　　　　D. UNIX
41. 以下软件中，不属于应用软件的是（　　　）。
    A. Windows 7　　B. Word　　　　　　C. MIS　　　　　　　　D. AutoCAD
42. 在计算机系统中，计算机语言包括（　　　）。
    A. 机器语言　　　B. 汇编语言　　　　　C. 高级语言　　　　　D. 三者都是

43. 计算机能直接执行的程序是用（　　　）编制的程序。
    A. 汇编语言　　　　B. 高级语言　　　　　　C. 机器语言　　　　D. C 语言

44. 文件型病毒主要感染扩展名为（　　　）的文件。
    A. txt 和 xlsx　　　B. wps 和 exe　　　　　C. com 和 exe　　　D. dbf 和 docx

45. 以下不属于计算机病毒特点的是（　　　）。
    A. 欺骗性　　　　　B. 传染性　　　　　　　C. 潜伏性　　　　　D. 破坏性

46. 计算机病毒会造成计算机（　　　）的损坏。
    A. 硬件、软件和数据　　　　　　　　　　　B. 硬件和软件
    C. 软件和数据　　　　　　　　　　　　　　D. 硬件和数据

47. 以下属于计算机病毒可能传播途径的是（　　　）。
    A. 从键盘输入统计数据　　　　　　　　　　B. 运行外来程序
    C. 软盘表面不清洁　　　　　　　　　　　　D. 机房电源不稳

48. 计算机病毒是（　　　）。
    A. 出厂带来的　　　　　　　　　　　　　　B. 人为编制的指令序列或程序
    C. 由于硬件被损坏而产生的　　　　　　　　D. 计算机自身产生的

49. 下列关于计算机病毒的四条叙述中，错误的一条是（　　　）。
    A. 计算机病毒是一个标记或一个命令
    B. 计算机病毒是人为制造的一种程序
    C. 计算机病毒能通过磁盘、网络等媒介传播、扩散，并能传染其他程序
    D. 计算机病毒能自我复制，并借助一定的媒体存在，具有传染性和破坏性

50. 多媒体计算机是指（　　　）。
    A. 可以看电视的计算机
    B. 可以听音乐的计算机
    C. 可以通用的计算机
    D. 能够处理声音、图像等多媒体信息的计算机

二、判断题

（　　）1. 计算机正朝着巨型化、微型化、网络化、智能化方向发展。

（　　）2. 运算器、控制器和内存储器合称主机，主机以外的设备称为外部设备。

（　　）3. 存储器容量以字节 B 作为计量单位，此外还有 K、M、G、T 等计量单位。

（　　）4. 运算速度快、精度高、具有记忆和逻辑判断能力是计算机的主要特点。

（　　）5. CPU 既能完成算术运算和逻辑运算，也能控制计算机各部件协调工作。

（　　）6. 内存储器分为 RAM 和 ROM，RAM 中存储的信息随电源的关闭不会丢失。

（　　）7. 计算机的性能和 CPU 的档次有着密切的关系。

（　　）8. 显示器既可以作为输入设备，也可以作为输出设备。

（　　）9. 根据打印原理，打印机可分为针式打印机、喷墨打印机和激光打印机。

（　　）10. 文件是指存储在存储介质上的一组相关信息的集合。

（　　）11. 把磁盘上的数据送到内存，称作写盘操作。

（　　）12. 微型计算机中，外存储器可以与内存储器直接进行数据交换。

（　　）13. 系统软件对硬件进行管理，对应用软件提供支持，是应用软件的基础。

（　　）14. 计算机软件系统由系统软件和操作系统两部分组成。

（　　）15. 人们为解决某一实际问题而编制的指令序列称为程序。

（　　）16. 数据处理是计算机最早的应用领域。

（　　）17. 共同存放软盘是计算机病毒的一种传播途径。

（　　）18. 任何一种杀毒软件都可以消除所有的计算机病毒。

（　　）19. 文件型病毒传染的对象主要是扩展名为 com 和 exe 的文件。

（　　）20. 计算机病毒的发作一般有一定的激活条件。

（　　）21. 计算机中如果没有安装操作系统就不能工作。

（　　）22. 鼠标分为机械式鼠标和光电式鼠标两种。

（　　）23. 光盘的特点是存储量大且便于携带。

（　　）24. 不能带电插拔打印机电缆。

（　　）25. 喷墨打印机的性能介于针式打印机和激光打印机之间。

（　　）26. CPU 的性能直接影响整个计算机系统的处理能力。

（　　）27. 台式电脑和笔记本电脑都属于小型计算机。

（　　）28. 内存储器属于外部设备，不能与 CPU 直接交换数据。

（　　）29. 按住 Shift 键的同时按下英文字母键，输入的一定是大写英文字母。

（　　）30. 正确的开机顺序应该是先开显示器，后开主机；关机时正好相反。

三、习题答案

（一）单项选择题

1. B	2. D	3. C	4. B	5. D	6. B	7. C	8. D	9. A	10. C
11. A	12. B	13. A	14. B	15. A	16. B	17. D	18. D	19. D	20. A
21. C	22. A	23. B	24. C	25. B	26. A	27. D	28. D	29. C	30. C
31. D	32. C	33. C	34. C	35. D	36. A	37. C	38. A	39. C	40. C
41. A	42. D	43. C	44. C	45. A	46. C	47. B	48. B	49. A	50. D

（二）判断题

1. 对	2. 对	3. 对	4. 对	5. 对	6. 错	7. 对	8. 错	9. 对	10. 对
11. 错	12. 对	13. 对	14. 错	15. 对	16. 错	17. 错	18. 错	19. 对	20. 对
21. 对	22. 对	23. 对	24. 对	25. 对	26. 对	27. 错	28. 错	29. 错	30. 对

四、实训题

实训　文字录入训练

实训目的：文字录入训练。

实训内容：按要求完成以下操作。

1. 启动"搜狗拼音输入法"。

2. 使用鼠标和键盘两种方法实现全角/半角状态的切换。

3. 使用鼠标和键盘两种方法实现中/英文标点的切换。

4. 使用鼠标和键盘两种方法实现中/英文的切换。

5. 输入以下特殊符号："※、▲、→、⌒、√、℃"。

6. 启动 Word 2010，输入【样文】所示内容，用自己的名字作为文件名将文件保存在桌面上。然后将文件上传到教师机。

【样文】

沁园春·雪
毛泽东

北国风光，千里冰封，万里雪飘。望长城内外，惟余莽莽；大河上下，顿失滔滔。山舞银蛇，原驰蜡象，欲与天公试比高。须晴日，看红装素裹，分外妖娆。

江山如此多娇，引无数英雄竞折腰。惜秦皇汉武，略输文采；唐宗宋祖，稍逊风骚。一代天骄，成吉思汗，只识弯弓射大雕。俱往矣，数风流人物，还看今朝。

解析：《沁园春·雪》是毛泽东于 1936 年 2 月创作的一首词。诗词分上下两阕，上阕描写乍暖还寒的北国雪景，展现伟大祖国的壮丽山河；下阕由毛泽东主席对祖国山河的壮丽而感叹，并引出秦皇汉武等英雄人物，纵论历代英雄人物。

这首词不仅赞美了祖国山河的雄伟和多娇，更重要的是赞美了今朝的革命英雄，抒发毛泽东伟大的抱负及胸怀。

Chapter 2

第二章
Windows 7 操作系统

一、单项选择题

1. Windows 7 是一个（　　　）操作系统。
   A. 单用户多任务
   B. 单用户单任务
   C. 多用户单任务
   D. 多用户多任务

2. 对于 Windows 7 操作系统，下列叙述中错误的是（　　　）。
   A. 同时运行多个程序
   B. 桌面上同时容纳多个窗口
   C. 支持鼠标操作
   D. 运行所有的 DOS 应用程序

3. Windows 7 中，常用的鼠标操作有（　　　）。
   A. 单击、双击、三击
   B. 单击、右击
   C. 单击、双击、拖动、右击
   D. 以上都不对

4. Windows 7 启动后，操作系统常驻计算机的（　　　）。
   A. 硬盘
   B. 内存
   C. 外存
   D. 软盘

5. Windows 7 中，下列不属于文件查看方式的是（　　　）。
   A. 详细信息
   B. 平铺
   C. 层叠
   D. 列表

6. Windows 7 中，快捷方式提供了（　　　）方法。
   A. 对源文件的快捷复制
   B. 对源文件的快速访问
   C. 对源文件的快捷删除
   D. 对源文件的快捷保存

7. Windows 7 中，用户操作计算机系统的基本工具是（　　　）。
   A. 键盘
   B. 鼠标
   C. 键盘和鼠标
   D. 前面 3 项都不对

8. Windows 7 中，任务栏的基本作用是（　　　）。
   A. 显示当前的活动窗口
   B. 仅显示"开始"菜单
   C. 实现窗口之间的切换
   D. 显示后台工作的窗口

9. Windows 7 中，窗口右上角可能出现的按钮组合是（　　　）。
   A. 最小化、最大化、还原按钮
   B. 最大化、还原、关闭按钮
   C. 最小化、还原、关闭按钮
   D. 最小化、最大化按钮

10. Windows 7 中，当一个窗口最大化后，下列叙述中错误的是（　　　）。
    A. 该窗口可以被关闭
    B. 该窗口可以移动
    C. 该窗口可以最小化
    D. 该窗口可以还原

11. Windows 7 中，下列对于窗口的说法，不正确的是（　　　）。
    A. 窗口可以移动
    B. 窗口可以改变大小
    C. 文档窗口含有自己的菜单
    D. 窗口可以没有工具栏

12. Windows 7 是一个多任务操作系统，下列说法中错误的是（　　）。
    A. 可以同时打开多个窗口　　　　　　B. 前后台窗口可以切换
    C. 当前窗口只能有一个　　　　　　　D. 当前窗口可以有多个
13. Windows 7 中，"开始"菜单右下角的关机按钮不可以进行的操作是（　　）。
    A. 切换用户　　　B. 切换安全模式　　　C. 锁定　　　　　　　D. 注销
14. Windows 7 中，将鼠标指针指向窗口标题栏并拖放，可以（　　）。
    A. 改变窗口大小 B. 移动窗口　　　　　C. 关闭窗口　　　　　D. 缩小窗口
15. Windows 7 中，执行末尾带有省略号（…）的菜单命令意味着（　　）。
    A. 将弹出下一级子菜单　　　　　　　B. 将选中该菜单命令
    C. 表明该菜单项已被选用　　　　　　D. 将弹出一个对话框
16. Windows 7 中，呈灰色显示的菜单命令意味着（　　）。
    A. 该命令当前不能选用　　　　　　　B. 执行该命令后将弹出对话框
    C. 执行该命令弹出下一级子菜单　　　D. 该命令正在使用
17. Windows 7 中，要使文件不被删除和修改，可以设置文件属性为（　　）。
    A. 只读　　　　　B. 隐藏　　　　　　　C. 存档　　　　　　　D. 系统
18. Windows 7 中，树型目录结构下不允许两个文件名相同指的是（　　）。
    A. 不同磁盘的不同目录下　　　　　　B. 不同磁盘的同一个目录下
    C. 同一磁盘的不同目录下　　　　　　D. 同一磁盘的同一个目录下
19. Windows 7 中，能够提供即时信息及轻松访问常用工具的桌面元素是（　　）。
    A. 桌面图标　　　B. 桌面小工具　　　　C. 任务栏　　　　　　D. 桌面背景
20. Windows 7 中，下列关于对话框的说法中，正确的是（　　）。
    A. 对话框不可以改变大小　　　　　　B. 对话框不可以移动
    C. 对话框不含标题名称　　　　　　　D. 对话框不含标题栏
21. Windows 7 中，对于对话框中的一组复选框，用户（　　）。
    A. 可以全部选定　　　　　　　　　　B. 可以全部不选
    C. 可以选定多项　　　　　　　　　　D. 前面三项都对
22. Windows 7 中，保存"画图"程序建立的文件时，默认的扩展名为（　　）。
    A. PNG　　　　　B. BMP　　　　　　　C. GIF　　　　　　　D. JPEG
23. Windows 7 中，双击桌面上的图标，可以（　　）。
    A. 运行应用程序　　　　　　　　　　B. 打开文件夹
    C. 运行应用程序并打开文档　　　　　D. 前面三项都对
24. Windows 7 中，用键盘关闭应用程序，可以同时按（　　）组合键。
    A. Ctrl＋F4　　　B. Ctrl＋Shift　　　　C. Alt＋F4　　　　　D. Alt＋Esc
25. Windows 7 中，下列操作不能关闭应用程序的是（　　）。
    A. 执行"文件/退出"命令　　　　　　B. 按 Alt+F4 组合键
    C. 单击任务栏上的应用程序按钮　　　D. 单击"关闭"按钮
26. Windows 7 中，为了实现各种输入法之间的切换，应按（　　）键。
    A. Shift+空格　　B. Ctrl+空格　　　　C. Ctrl+Shift　　　　D. Ctrl+F9
27. Windows 7 中，为了实现中文与英文输入方式的切换，应按（　　）键。
    A. Shift+空格　　B. Shift+Tab　　　　C. Ctrl+空格　　　　D. Alt+F6

28. Windows 7 中，不能在任务栏上进行的操作是（   ）。
    A. 设置系统日期和时间　　　　　　　　B. 排列桌面图标
    C. 排列和切换窗口　　　　　　　　　　D. 打开"开始"菜单
29. Windows 7 中，单击任务栏上的应用程序按钮，将（   ）。
    A. 使应用程序窗口成为当前窗口　　　　B. 使应用程序开始运行
    C. 使应用程序结束运行　　　　　　　　D. 打开应用程序窗口
30. Windows 7 中，设置屏幕保护程序密码的作用是（   ）。
    A. 保护显示器　　　　　　　　　　　　B. 防止他人使用计算机
    C. 延长保护时间　　　　　　　　　　　D. 延长等待时间
31. Windows 7 中，屏幕保护程序的作用是（   ）。
    A. 保护用户的眼睛　　　　　　　　　　B. 保护用户的身体
    C. 保护计算机的显示器　　　　　　　　D. 保护整个计算机系统
32. Windows 7 中，"控制面板"窗口默认的查看方式不是（   ）。
    A. 类别　　　　　　B. 大图标　　　　　　C. 小图标　　　　　　D. 中等图标
33. Windows 7 中，不能在文件名中使用的字符是（   ）。
    A. ,　　　　　　　　B. ^　　　　　　　　C. ?　　　　　　　　D. +
34. Windows 7 中，当文件夹被移动时，该文件夹中的（   ）。
    A. 文件被移动，文件夹不动　　　　　　B. 文件夹被移动，文件不动
    C. 文件、文件夹被移动　　　　　　　　D. 文件、文件夹原处仍存在
35. Windows 7 中，任务栏上的每一个按钮代表（   ）。
    A. 一个可执行的程序　　　　　　　　　B. 一个正在执行的程序
    C. 一个关闭的程序　　　　　　　　　　D. 一个不工作的程序
36. Windows 7 中，删除选中的文件，应执行（   ）菜单中的"删除"命令。
    A. 文件　　　　　　B. 编辑　　　　　　C. 查看　　　　　　D. 工具
37. Windows 7 中，下列选项中不是任务栏按钮显示方式的是（   ）。
    A. 当任务栏被占满时合并　　　　　　　B. 并排
    C. 从不合并　　　　　　　　　　　　　D. 始终合并、隐藏标签
38. Windows 7 中，个性化设置中不能设置的是（   ）。
    A. 桌面背景　　　　　B. 窗口颜色　　　　　C. 分辨率　　　　　D. 声音
39. Windows 7 中，下列关于对桌面上文件进行操作的说法，正确的是（   ）。
    A. 双击右键可打开文件　　　　　　　　B. 双击左键可打开文件
    C. 单击右键可打开文件　　　　　　　　D. 单击左键可打开文件
40. Windows 7 中，对系统软、硬件资源进行管理的程序是（   ）。
    A. 回收站　　　　　B. 剪贴板　　　　　C. 资源管理器　　　　　D. 我的文档
41. "资源管理器"中，要把 C 盘中的某个文件移到 D 盘，用鼠标操作时应该（   ）。
    A. 直接拖动　　　　B. 双击　　　　　　C. Shift+拖动　　　　　D. Ctrl+拖动
42. 对于选定的文件或文件夹，按 Delete 键和"确定"按钮后，它们被（   ）。
    A. 删除并放入回收站　　　　　　　　　B. 不被删除也不被放入回收站
    C. 删除但不放入回收站　　　　　　　　D. 不被删除但放入回收站

43. 同时按 Delete 和（　　　）键，可以将文件（夹）删除，而不放入"回收站"。

    A. Ctrl　　　　　　B. Shift　　　　　　C. Alt　　　　　　D. Tab

44. Windows 7 中，利用"控制面板"窗口中的"程序和功能"命令，可以（　　　）。

    A. 删除 Windows 组件　　　　　　　　B. 删除 Windows 驱动程序

    C. 删除 Word 文档模板　　　　　　　D. 删除程序的快捷方式

45. Windows 7 中，关于快捷菜单的描述，不正确的是（　　　）。

    A. 快捷菜单中包括一组与某一对象相关的操作命令

    B. 按 ESC 键或单击窗口空白区域，可以关闭快捷菜单

    C. 选定需要操作的对象，单击鼠标左键，弹出快捷菜单

    D. 选定需要操作的对象，单击鼠标右键，弹出快捷菜单

46. Windows 7 中，"回收站"中存放的是（　　　）。

    A. 只能是硬盘上被删除的文件或文件夹

    B. 只能是软盘上被删除的文件或文件夹

    C. 可以是硬盘或软盘上被删除的文件或文件夹

    D. 可以是所有外存储器上被删除的文件或文件夹

47. Windows 7 中，下列关于文件夹重命名的方法中，错误的是（　　　）。

    A. 右键单击文件夹图标，选择快捷菜单中的"重命名"命令

    B. 执行"文件"菜单中的"重命名"命令

    C. 选定文件夹，然后按 F2 键

    D. 慢慢单击文件夹图标两次

48. Windows 7 中，修改桌面设置不能通过（　　　）进行。

    A. 双击桌面上的"控制面板"图标

    B. 右击桌面空白处，选择快捷菜单中的"个性化"命令

    C. 右击桌面图标，选择快捷菜单中的"属性"命令

    D. 选择"开始"菜单中的"控制面板"命令

49. Windows 7 中，关于文件名的叙述，说法错误的是（　　　）。

    A. 文件名中允许使用汉字　　　　　　B. 文件名中允许使用多个圆点分隔符

    C. 文件名中允许使用空格　　　　　　D. 文件名中允许使用符号"*"

50. Windows 7 中，选定多个不连续的文件，正确的操作是（　　　）。

    A. 按住 Ctrl 键，用鼠标右键逐个选取　　B. 按住 Ctrl 键，用鼠标左键逐个选取

    C. 按住 Shift 键，用鼠标右键逐个选取　　D. 按住 Shift 键，用鼠标左键逐个选取

二、多项选择题

1. Windows 7 中，属于默认库的有（　　　）。

    A. 文档　　　　　　B. 音乐　　　　　　C. 图片　　　　　　D. 视频

2. Windows 7 中，窗口右上角的三个按钮分别是（　　　）。

    A. 移动　　　　　　B. 最大化　　　　　　C. 最小化　　　　　　D. 关闭

3. Windows 7 中，"附件"中提供的常用工具包括（　　　）。

    A. 记事本　　　　　　B. 写字板　　　　　　C. 画图　　　　　　D. 截图工具

4. Windows 7 中，打开"开始"菜单的键盘命令有（　　　）。

    A. Ctrl+S　　　　　　B. Alt+Space　　　　　　C. Ctrl+Esc　　　　　　D. Windows 键

5. 在"资源管理器"窗口中，可以对文件和文件夹进行的操作有（　　　）。
   A. 复制　　　　　　B. 移动　　　　　　　C. 删除　　　　　　D. 重命名

6. Windows 7 中，可以按（　　　）对文件与文件夹进行排序。
   A. 名称　　　　　　B. 属性　　　　　　　C. 类型　　　　　　D. 修改日期

7. Windows 7 中，磁盘管理工具主要有（　　　）。
   A. 磁盘格式化　　　B. 磁盘检查　　　　　C. 磁盘清理　　　　D. 磁盘恢复

8. Windows 7 中，文件名中不能使用的字符有（　　　）。
   A. ?　　　　　　　B. 空格　　　　　　　C. _　　　　　　　D. \

9. Windows 7 中，压缩文件通常使用的软件有（　　　）。
   A. 360 压缩　　　　B. IE　　　　　　　　C. WinRAR　　　　 D. Word

10. Windows 7 中，可以进行中英文切换的操作有（　　　）。
    A. 单击中英文切换按钮　　　　　　　　B. 按 Ctrl+空格键
    C. 使用语言指示器菜单　　　　　　　　D. 按 Shift+空格键

11. Windows 7 中，下列属于对话框组成部分的是（　　　）。
    A. 选项卡　　　　　B. 菜单栏　　　　　　C. 命令按钮　　　　D. 数值框

12. Windows 7 中，可以用到剪贴板的组合键有（　　　）。
    A. Ctrl+V　　　　　B. Ctrl+X　　　　　　C. Ctrl+C　　　　　D. Ctrl+A

13. Windows 7 中，"文件夹选项"对话框包含的选项卡有（　　　）。
    A. 常规　　　　　　B. 查看　　　　　　　C. 搜索　　　　　　D. 高级

14. Windows 7 中，附件中的"截图"工具包括的截图模式有（　　　）。
    A. 任意格式截图　　B. 矩形截图　　　　　C. 窗口截图　　　　D. 全屏幕截图

15. Windows 7 中，将打开的窗口拖曳到屏幕顶端，窗口不会（　　　）。
    A. 关闭　　　　　　B. 最小化　　　　　　C. 最大化　　　　　D. 消失

16. Windows 7 中，可以在桌面上创建快捷方式的对象包括（　　　）。
    A. 应用程序　　　　B. 文件夹　　　　　　C. 文档　　　　　　D. 菜单

17. Windows 7 中，文件的类型不可以根据（　　　）来识别。
    A. 文件大小　　　　B. 文件用途　　　　　C. 文件扩展名　　　D. 文件存放位置

18. Windows 7 中，桌面上图标的排列方式有（　　　）。
    A. 名称　　　　　　B. 大小　　　　　　　C. 项目类型　　　　D. 修改时间

19. Windows 7 中，以下文件名中合法的有（　　　）。
    A. 2.txt.docx　　　 B. CPU　　　　　　　C. CON　　　　　　D. JJA.11

20. Windows7 中，用于应用程序之间切换的快捷键是（　　　）。
    A. Alt+Tab　　　　 B. Alt+Esc　　　　　 C. Win+Tab　　　　 D. 以上皆可

21. Windows 7 中，打开的多个窗口排列方式有（　　　）。
    A. 堆叠显示　　　　B. 层叠　　　　　　　C. 并列显示　　　　D. 隐藏

22. Windows 7 中，"日期和时间"对话框中可以直接设置（　　　）。
    A. 上午/下午标志　　　　　　　　　　　B. 月份
    C. 年份　　　　　　　　　　　　　　　D. 时间

23. Windows 7 中，文件和文件夹的属性包括（　　　）。
    A. 存档　　　　　　B. 只读　　　　　　　C. 系统　　　　　　D. 隐藏

24. Windows 7 中，当一个应用程序窗口被关闭后，该应用程序不会（　　）。
    A. 保留在内存中　　　　　　　　B. 同时保留在内存和外存
    C. 从外存中清除　　　　　　　　D. 仅保留在外存中

25. Windows 7 中，关于剪贴板的叙述，正确的是（　　）。
    A. 使用"剪切"和"复制"可以将信息送到剪贴板
    B. 剪贴板中的信息可以在其他程序中进行粘贴
    C. 剪贴板中的信息可以被多次复制
    D. 剪贴板是硬盘中的一个存储空间

26. 在"资源管理器"窗口中，可以复制文件的操作有（　　）。
    A. 选择"编辑"菜单中的"复制"和"粘贴"命令
    B. 选择"编辑"菜单中的"移动"和"粘贴"命令
    C. 右键单击文件，选择快捷菜单中的"复制"和"粘贴"命令
    D. 使用 Ctrl+C 和 Ctrl+V 组合键

27. Windows 7 中，下列说法正确的有（　　）。
    A. 窗口可以移动与改变大小　　　B. 对话框可以移动与改变大小
    C. 窗口不能移动与改变大小　　　D. 对话框可以移动但不能改变大小

28. Windows 7 中，关于"回收站"的说法，正确的是（　　）。
    A. "回收站"是内存中的一块空间
    B. "回收站"用来存放被删除的文件和文件夹
    C. "回收站"中的文件可以被"删除"和"还原"
    D. "回收站"中的文件占用磁盘空间

29. Windows 7 中，可以退出应用程序的操作有（　　）。
    A. 执行"文件"菜单中的"关闭"命令
    B. 单击窗口右上角的"关闭"按钮
    C. 单击"控制菜单"框中的"关闭"命令
    D. 按 Alt+F4 组合键

30. Windows 7 中，删除桌面上选定的图标，可以使用的方法有（　　）。
    A. 单击右键，选择"删除"命令
    B. 直接按住左键拖到回收站中
    C. 双击左键，选择"删除"命令
    D. 按住左键，拖到桌面上其他地方

三、判断题

（　　）1. Windows 7 旗舰版支持的功能最多，家庭普通版支持的功能最少。
（　　）2. Windows 7 中，默认的库被删除后无法恢复。
（　　）3. Windows 7 中，当应用程序窗口最小化后，该应用程序即被终止运行。
（　　）4. Windows 7 中，对话框的形状是一个矩形框，不能调整其大小。
（　　）5. Windows 7 中，用鼠标对滚动条操作，可以滚动显示窗口内容。
（　　）6. Windows 7 中，按 Print Screen 键可以将整个屏幕复制到剪贴板中。
（　　）7. Windows 7 中，同时打开多个窗口时，用鼠标单击在任务栏中的按钮可以在

多个窗口之间切换。

13

第二章 Windows 7 操作系统

（　　　）8. Windows 7 中，可以同时打开多个窗口，但只能有一个活动窗口。

（　　　）9. Windows 7 中，添加或删除 Windows 组件，可以选择"控制面板"窗口中的"程序和功能"命令。

（　　　）10. Windows 7 中，选定部分文件后，若撤销选定，只需单击窗口空白处。

（　　　）11. Windows 7 中，对于文件或文件夹的属性，用户是没有权力修改的。

（　　　）12. Windows 7 中，对话框和窗口相似，不同的是对话框无"最小化"按钮。

（　　　）13. Windows 7 中，U 盘中删除的文件可以从"回收站"窗口中恢复。

（　　　）14. Windows 7 中，记事本程序默认的文档扩展名是 txt。

（　　　）15. 选定多个不连续的文件时，需要按住 Shift 键再分别单击各个文件。

（　　　）16. Windows 7 中，利用"回收站"可以浏览或查看系统软、硬件资源。

（　　　）17. Windows 7 中，用于释放磁盘空间的系统工具是磁盘碎片整理。

（　　　）18. 当某个文件被选中，按住 Ctrl 键再单击这个文件，则选定被取消。

（　　　）19. Windows 7 中，通过"画图"可以创建、编辑和查看图片。

（　　　）20. Windows 7 中，删除桌面上的快捷方式图标，则它指向的项目也被删除。

（　　　）21. Windows 7 中，剪贴板是内存中的一个临时存放信息的特殊区域。

（　　　）22. Windows 7 中，"写字板"和"画图"均可以对文字和图形进行处理。

（　　　）23. Windows 7 中，压缩文件的扩展名是".ZIP"或".RAR"。

（　　　）24. 一台计算机上可以安装多台打印机，但只能有一台是默认打印机。

（　　　）25. "回收站"用来暂时存放被删除的文件，一旦关机，"回收站"被清空。

（　　　）26. Windows 7 中，语言栏可以浮动显示在桌面上，也可以显示在任务栏上。

（　　　）27. 当前窗口最大化时，双击该窗口标题栏，则相当于单击"关闭"按钮。

（　　　）28. Windows 7 中，标题栏是窗口必需组成部分，但工具栏不是必需的。

（　　　）29. 使用电源管理功能，可以自动关闭监视器，但不能自动关闭硬盘。

（　　　）30. Windows 7 中，菜单命令选项前有一个对号，表示该选项被选定。

四、习题答案

（一）单项选择题

1. A　2. D　3. C　4. B　5. C　6. B　7. C　8. C　9. C　10. B

11. C　12. D　13. B　14. B　15. D　16. A　17. C　18. D　19. B　20. A

21. D　22. B　23. D　24. C　25. C　26. C　27. C　28. B　29. A　30. B

31. C　32. D　33. C　34. C　35. B　36. A　37. B　38. D　39. B　40. C

41. A　42. A　43. B　44. A　45. C　46. A　47. B　48. C　49. D　50. B

（二）多项选择题

1. ABCD　2. BCD　3. ABCD　4. CD　5. ABCD　6. ACD　7. ABC

8. AD　9. AC　10. ABC　11. ACD　12. ABC　13. ABC　14. ABCD

15. ABD　16. ABC　17. ABD　18. ABCD　19. ABD　20. AB　21. ABC

22. BCD　23. ABD　24. ABC　25. ABC　26. ACD　27. AD　28. BCD

29. ABCD　30. AB

（三）判断题

1. 对 2. 错 3. 错 4. 对 5. 对 6. 对 7. 对 8. 对 9. 对 10. 对
11. 错 12. 对 13. 错 14. 对 15. 错 16. 错 17. 错 18. 对 19. 对 20. 错
21. 对 22. 对 23. 对 24. 对 25. 错 26. 对 27. 错 28. 对 29. 错 30. 对

五、实训题

实训一

实训目的：Windows 7 入门（一）。

实训内容：按要求完成以下操作。

1．设置桌面

（1）在桌面上显示"计算机""网络""控制面板""用户的文件"等图标。

（2）在桌面上显示"日历"小工具。

（3）将图片"Bliss.bmp"设置为桌面背景。

2．设置"开始"菜单

（1）在"开始"菜单中将"计算机""控制面板"图标显示为链接，"图片"图标显示为菜单，显示"收藏夹"菜单和"运行"命令。

（2）在"开始"菜单中不显示最近打开的程序列表。

3．设置任务栏

（1）锁定任务栏，将任务栏置于桌面底部，不合并相似的应用程序按钮。

（2）在任务栏通知区域中显示"网络""音量"等图标。

实训二

实训目的：Windows 7 入门（二）。

实训内容：按要求完成以下操作。

1．窗口操作

（1）打开"记事本"和"写字板"窗口。

（2）将"记事本"和"写字板"窗口以桌面50%的比例置于桌面左、右两侧。

（3）利用任务栏右侧的"显示桌面"按钮，将整个桌面显示出来。

（4）按 Alt+Esc 组合键在"记事本"和"写字板"窗口之间切换。

（5）分别层叠、并列显示、堆叠显示"记事本"和"写字板"窗口。

（6）关闭"记事本"和"写字板"窗口。

2．对话框操作

（1）打开"写字板"窗口，单击"查看"功能区"设置"命令组中的"自动换行"按钮，从下拉列表中选择"不自动换行"选项。

（2）输入文字"北国风光，千里冰封，万里雪飘。望长城内外，惟余莽莽；大河上下，顿失滔滔。山舞银蛇，原驰蜡象，欲与天公试比高。"

（3）单击"主页"功能区"编辑"命令组中的"全选"命令。

（4）利用"主页"功能区"字体"命令组中的相应命令按钮，设置文字字体为黑体，字号为16，字形为斜体，颜色为蓝色。

（5）单击快速工具栏上的"保存"按钮，打开"保存为"对话框。选择保存位置为"桌面"，在"文件名"框中输入你的名字，在"保存类型"框中选择".RTF"。

（6）单击"保存为"对话框中的"保存"按钮，关闭"保存为"对话框。

（7）单击"写字板"窗口右上角的"关闭"按钮，关闭"写字板"窗口。

（8）利用多媒体教室学生端将该文件上传到教师机的"作业"文件夹中。

3．菜单操作

（1）打开"计算机"窗口，使用鼠标和键盘两种方法打开"文件"菜单。

（2）单击"查看"菜单中的"详细信息"命令，观察会发生什么变化。

（3）单击"工具"菜单中的"文件夹选项"命令，观察会发生什么变化。

（4）单击"编辑"菜单中的"复制"命令，观察会发生什么变化。

（5）单击"查看"菜单中的"排序方式"命令，观察会发生什么变化？

实训三

实训目的：管理文件（一）。

实训内容：按要求完成以下操作。

1．试指出下列文件名中，哪些是合法的，哪些是不合法的？

（1）A.B.C　　　　　（2）X#Y.BAS　　　（3）E>F.DOCX　　（4）DOS.TXT

（5）CON.TXT　　　（6）JJA.11　　　　　（7）ABC.FOR　　　（8）My Program

（9）2? .TXT　　　　（10）文档1.DOCX

2．库操作。

（1）新建库"实训资料"，然后将文件夹"文件接收柜"添加到库中。

（2）在桌面上新建文件夹"练习"，然后将其添加到"实训资料"库中。

3．使用"资源管理器"。

（1）浏览"C:\Windows"文件夹中的内容，然后选定第1、2、3、4个文件夹。

（2）浏览"C:\Program Files"文件夹中内容，然后选定第1、3、5、7个文件夹。

（3）单击"编辑"菜单中的"反向选择"命令，观察选择结果变化。

（4）浏览"C:\Windows"文件夹中的内容，然后将内容按"大图标"方式显示，按文件"名称"排列。

（5）浏览"C:\Program Files"文件夹中的内容，然后将内容按"平铺"方式显示，按文件"类型"排列。

实训四

实训目的：管理文件（二）。

实训内容：按要求完成以下操作。

1．对文件夹kaoshi1进行以下操作。

（1）在文件夹maths中新建文件夹jfh。

（2）删除文件夹shijuan中的文件2000.txt。

（3）将文件夹u1中的文件u1.pptx更名为computer.pptx。

（4）将文件夹docx移动到文件夹shijuan。

（5）将文件夹jby中的文件uu.txt复制到u1文件夹。

2．对文件夹kaoshi2进行以下操作。

（1）在文件夹office中新建文件夹docx。

（2）删除文件夹 shuxue 中的文件夹 gaoji。

（3）将文件夹 chuji 中的文件 c991.docx 更名为 uvw.docx。

（4）将文件夹 office 中的文件 t2.pptx 移动到文件夹 txt。

（5）将文件夹 txt 中的文件 abc.txt 复制到文件夹 shiti。

3．设置文件与文件夹属性。

（1）在桌面上新建文件夹"音乐"，设置文件夹"音乐"的属性为隐藏。

（2）在桌面上新建文本文件 lx.txt，设置 lx.txt 的属性为只读。

（3）打开文本文件 lx.txt，输入任意文字后保存，观察发生什么变化。

4．显示桌面上被隐藏的文件夹"音乐"（提示："工具"–"文件夹选项"）。

5．隐藏桌面上的文件 lx.txt 的扩展名（提示："工具"–"文件夹选项"）。

6．使用"搜索"命令搜索 C 盘中扩展名为".jpg"的文件。

7．回收站操作。

（1）在桌面上新建文件夹"歌曲"和"视频"，然后将它们从桌面上删除。

（2）在"回收站"窗口中将文件夹"歌曲"还原，文件夹"视频"删除。

8．剪贴板操作。

（1）打开"写字板"窗口，单击"主页"功能区"插入"命令组中的"日期和时间"命令，打开"日期和时间"对话框。

（2）将"日期和时间"对话框复制到剪贴板，然后粘贴到"写字板"窗口中。

实训五

实训目的：管理与应用 Windows 7。

实训内容：按要求完成以下操作。

1．日期和时间设置。

（1）将当前日期和时间调整为"2008 年 8 月 8 日 8 时 8 分 8 秒"。

（2）启用"与 Internet 时间服务器同步"功能。

2．个性化设置。

（1）将桌面主题设置为"风景"。

（2）将屏幕保护程序设置为"飞越星空"，等待时间设置为 5 分钟。

（3）将电源使用方案设置为"20 分钟后关闭监视器"。

（4）将窗口颜色设置为"浅绿色"。

（5）将屏幕分辨率设置为"1024 像素×768 像素"，颜色质量设置为"最高（32 位）"。

3．区域和语言选项设置。

（1）设置数字格式为 3 位小数、货币符号为"$"。

（2）设置时间格式为"tt hh:mm:ss"、长日期格式为"ddddyyyy mm dd"。

（3）添加微软拼音输入法，并在任务栏中显示"语言栏"。

4．使用画图工具。

（1）打开素材图片"裁剪–素材.jpg"（见图 2-1）。

（2）使用裁剪工具截取部分图片，大小调整为 20%。

（3）将图片保存为文件"裁剪–效果.jpg"（见图 2-2）。

图 2-1　裁剪-素材

图 2-2　裁剪-效果

5. 先对 C 盘进行磁盘清理，然后对 C 盘进行磁盘碎片整理。

6. 在本地机上安装打印机 Eps EPL-2020，并将该其设置为默认打印机。

实训六

实训目的：维护系统与使用常用工具软件。

实训内容：按要求完成以下操作。

1. 安装紫光拼音输入法，然后从"控制面板"窗口中将其删除。

2. 使用"360 安全卫士"维护系统。

（1）使用"360 安全卫士"全面体检计算机系统。

（2）使用"360 安全卫士"快速扫描计算机木马。

（3）使用"360 安全卫士"修复计算机系统漏洞。

（4）使用"360 安全卫士"一键扫描计算机垃圾。

（5）使用"360 安全卫士"一键优化计算机系统。

（6）使用"软件管家"卸载紫光拼音输入法。

3. 使用"360 杀毒"快速扫描计算机病毒。

4. 使用"鲁大师"检测硬件。

（1）使用"鲁大师"检测计算机硬件配置。

（2）使用"鲁大师"备份网卡驱动程序。

（3）使用"鲁大师"还原网卡驱动程序。

5. 使用压缩软件 WinRAR。

（1）将"作业"文件夹以文件名"作业.rar"压缩并保存在桌面上，设置该压缩文件的打开密码为"123456"。

（2）将桌面上的压缩文件"作业.rar"解压缩到 C 盘中。

Chapter 3 第三章 因特网应用

一、单项选择题

1. Internet 上，使用浏览器访问网页信息，下列哪个是常用的浏览器（　　）。
   - A. Internet Explorer
   - B. Outlook Express
   - C. Yahoo
   - D. FrontPage

2. 客户端程序 Outlook Express 的功能是（　　）。
   - A. 收发电子邮件
   - B. 作为文档编辑程序
   - C. 作为 WWW 浏览器
   - D. 作为超文本编辑工具

3. 下列各项中，不能作为域名的是（　　）。
   - A. www.aaa.edu.cn
   - B. ftp.duaa.edu.cn
   - C. www，bit，edu，cn
   - D. www.lnu.edu.cn

4. 与 Web 站点密切相关的一个概念称为"统一资源定位器"，英文缩写是（　　）。
   - A. UPS
   - B. USB
   - C. ULR
   - D. URL

5. 为实现电话拨号方式连接 Internet，除电话线外，另一个关键设备是（　　）。
   - A. Modem
   - B. 服务器
   - C. 路由器
   - D. 网卡

6. 关于网页中的"超链接"，说法正确的是（　　）。
   - A. 超链接是指将约定的设备用线路连通
   - B. 超链接将指定的文件与当前文件合并
   - C. 单击超链接就会转向链接指向的地方
   - D. 超链接为发送电子邮件作好准备

7. 关于电子邮件，说法错误的是（　　）。
   - A. 发送电子邮件需 E-mail 软件支持
   - B. 必须知道收件人的 E-mail 地址
   - C. 收件人必须有自己的邮政编码
   - D. 发件人必须有自己的 E-mail 账号

8. 域名是 Internet 服务器的计算机名，域名后缀为".gov"，表示（　　）。
   - A. 军事机构
   - B. 政府机构
   - C. 教育机构
   - D. 商业公司

9. 电子邮件是网络上使用最广泛的服务，通常采用的传输协议是（　　）。
   - A. SMTP
   - B. TCP/IP
   - C. CSMA/CD
   - D. IPX/SPX

10. ISP 指的是（　　）。
    - A. Internet 服务供应商
    - B. 信息内容供应商
    - C. 软件产品供应商
    - D. 硬件产品供应商

11. 域名通过（　　）服务器转换成对应的 IP 地址。
    - A. DNS
    - B. WWW
    - C. E-mail
    - D. FTP

12. Internet 上采用的网络协议是（　　）。
    - A. IPX/SPX
    - B. X.25 协议
    - C. TCP/IP
    - D. LLC 协议

13. FTP 是 Internet 提供的一种基本服务方式，其含义是（ ）。
    A. 远程登录　　　B. 索引服务　　　　C. 名录服务　　　D. 文件传输

14. 下列哪个单词代表电子邮件（ ）。
    A. E-mail　　　　B. FTP　　　　　　C. Telnet　　　　D. DNS

15. Internet 最早起源于什么时期（ ）。
    A. 二战时期　　　B. 60 年代末期　　　C. 80 年代中期　　　D. 90 年代初期

16. Modem 的中文名称是（ ）。
    A. 综合业务数字网　　　　　　　　　B. 调制解调器
    C. 非对称数字用户环线　　　　　　　D. 电缆调制解调器

17. 一个完整的 IP 地址由（ ）位二进制数组成。
    A. 4　　　　　　B. 8　　　　　　　C. 16　　　　　　D. 32

18. IP 地址可以用 4 个点分十进制数表示，每个十进制数必须小于（ ）。
    A. 128　　　　　B. 64　　　　　　C. 1024　　　　　D. 256

19. 在互联网上，域名与下面哪个一一对应？（ ）
    A. 物理地址　　　B. IP 地址　　　　C. 网络　　　　　D. 以上都不是

20. 在 IE 浏览器窗口中，要返回到以前的页，可以单击工具栏中的（ ）按钮。
    A. 后退　　　　　B. 前进　　　　　C. 停止　　　　　D. 刷新

21. 要在互联网上查询信息，必须安装并运行软件（ ）。
    A. HTTP　　　　B. YAHOO　　　　C. 浏览器　　　　D. HTML

22. URL 服务标志 "HTTP" 后面紧接着的符号是（ ）。
    A. //　　　　　　B. :　　　　　　　C. /　　　　　　D. ||

23. 发送电子邮件时，应在 "收件人" 框中输入收件人的（ ）。
    A. 姓名　　　　　B. 邮政编码　　　C. 家庭地址　　　D. E-Mail 地址

24. abc@sina.com 是一个电子邮件地址，其中 abc 代表（ ）。
    A. 服务器名　　　B. 用户账号　　　C. 主机域名　　　D. 子目录

25. 超文本传输协议的英文缩写是（ ）。
    A. HTTP　　　　B. WWW　　　　　C. URL　　　　　D. DNS

26. 保存网页文件时，默认的保存类型是（ ）。
    A. .docx　　　　B. .txt　　　　　C. .html　　　　D. .mht

27. 在 "Internet 选项" 对话框（ ）标签下，可以设置 IE 浏览器的主页。
    A. 常规　　　　　B. 安全　　　　　C. 内容　　　　　D. 高级

28. Internet 属于（ ）。
    A. 局域网　　　　B. 电子邮件　　　C. 广域网　　　　D. 城域网

29. 网址 Http://www.baidu.com 中的 "http" 表示（ ）。
    A. 一个磁盘符号　　　　　　　　　　B. 一种网络协议
    C. 域名的一部分　　　　　　　　　　D. 网络上的目录名

30. 网址 http://www.baidu.com 中的 "baidu" 表示（ ）。
    A. 百度　　　　　　　　　　　　　　B. 一种网络协议
    C. 域名的一部分　　　　　　　　　　D. IP 地址的一部分

二、多项选择题

1. 下面列举出的关于 Internet 各项功能中，正确的有（　　）。
   A. 程序编译　　　　B. 电子邮件发送　　　　C. 数据库检索　　　　D. 信息查询
2. 接入 Internet 的方式有（　　）。
   A. 通过拨号方式接入　　　　　　　　　　B. 通过 ADSL 专线接入
   C. 通过局域网接入　　　　　　　　　　　D. 无线方式接入
3. 通过拨号方式入网的条件有（　　）。
   A. ISP 提供的用户名、密码　　　　　　　B. 打印机
   C. 一台调制解调器（Modem）　　　　　　D. 网卡
4. TCP/IP 是一个协议组，其中包括以下哪几个协议（　　）。
   A. TCP　　　　　　B. UDP　　　　　　C. IP　　　　　　D. OSI
5. 近几年全球掀起了 Internet 热，在 Internet 上用户能够（　　）。
   A. 检索资料　　　　B. 货物快递　　　　C. 传送图片　　　　D. 点播视频
6. 在"Internet 选项"对话框中的"常规"标签下，可以设置 IE 浏览器的（　　）。
   A. 主页　　　　　　B. 历史记录　　　　C. 安全级别　　　　D. 字体
7. 下列有关电子邮件的说法中，正确的是（　　）。
   A. 电子邮件的邮局一般在接收方的个人计算机中
   B. 电子邮件是 Internet 提供的一项服务
   C. 通过电子邮件可以向任何一个 Internet 用户发送信息
   D. 电子邮件可以发送的信息只有文字和图像
8. 从网上下载的软件，从版权上来看，有（　　）。
   A. 免费软件　　　　B. 自由软件　　　　C. 商业软件　　　　D. 共享软件
9. 电子邮件地址的格式中，包含的内容有（　　）。
   A. 用户账号　　　　　　　　　　　　　　B. 邮件服务器域名
   C. 分隔符@　　　　　　　　　　　　　　D. 用户的 URL
10. 以下关于电子邮件的收发，说法正确的有（　　）。
    A. 一个电子邮件可以同时发给多个人
    B. 发送电子邮件时应填写收件人的 E-mail 地址
    C. 与电话相比，电子邮件相对便宜
    D. 电子邮件中不能发送图片
11. 网页中的超链接可能是（　　）。
    A. 文字　　　　　　B. 图片　　　　　　C. 按钮　　　　　　D. 音乐
12. Internet 的主要功能包括（　　）。
    A. 电子邮件　　　　B. 新闻组　　　　　C. 文件传输　　　　D. 远程登录
13. 常用的网页浏览器有（　　）。
    A. Windows　　　　　　　　　　　　　　B. Word
    C. Internet Explorer　　　　　　　　　　D. Netscape Navigator
14. 浏览网页的方法包括（　　）。
    A. 在地址栏内输入网址　　　　　　　　　B. 使用超链接
    C. 使用"历史"按钮　　　　　　　　　　　D. 使用收藏夹

15. Internet 的域名组成包括（　　　）。
　　A. 主机名　　　　　　B. 组织机构名　　　　C. 一级域名　　　　　D. 二级域名
16. IE 浏览器窗口由（　　　）等部分组成。
　　A. 菜单栏　　　　　　B. 编辑栏　　　　　　C. 地址栏　　　　　　D. 工具栏
17. 搜索引擎指的是（　　　）。
　　A. 发动机　　　　　　　　　　　　　　　　B. 一种网站
　　C. 一种客户端软件　　　　　　　　　　　　D. 可以用浏览器登录
18. 电子邮件可以传递（　　　）等信息。
　　A. 文件　　　　　　　B. 图片　　　　　　　C. 视频　　　　　　　D. 音频
19. 使用专门的文件下载工具下载或上传文件，具有（　　　）的特点。
　　A. 速度快　　　　　　B. 操作方便　　　　　C. 断点续传　　　　　D. 速度慢
20. 专门的文件下载工具有（　　　）。
　　A. 迅雷　　　　　　　B. 网际快车　　　　　C. FrontPage　　　　　D. IE

三、判断题

（　　）1. 我国正式确定 Internet 的中文名称为因特网。
（　　）2. 通过 Internet，可以将一台本地计算机连接到远程计算机上。
（　　）3. 电子邮件只能使用 Outlook Express 等客户端程序收发。
（　　）4. 电子邮件地址中可以使用数字、字母和汉字。
（　　）5. Internet 是全球最大的计算机网络。
（　　）6. Internet 中的 IP 地址与域名是一一对应的。
（　　）7. IE 浏览器能将用户浏览的网页内容保存在本地计算机。
（　　）8. IP 地址用 32 位二进制数表示，为方便记忆用"点分十进制数"表示。
（　　）9. 每个网络文件都有不只一个地址。
（　　）10. 电子邮件到达后，如果收件人没有开机，则电子邮件退回给发件人。
（　　）11. 网页中指向其他网页的连接点称为超链接。
（　　）12. 如果希望每次启动 IE 时都自动打开某个网页，可以将其设置为主页。
（　　）13. 使用 QQ 只能进行文字聊天，不能进行音频和视频聊天。
（　　）14. 在 IE 浏览器中，网页保存在历史记录中的天数最多为 10 天。
（　　）15. 通过 Internet 收发电子邮件时，每个用户必须有一个 E-mail 地址。
（　　）16. 某个网站的域名为 www.sina.com.cn，其中的"com"代表中国。
（　　）17. 接入 Internet 使用的标准网络协议是 TCP/IP。
（　　）18. 在使用 IE 浏览网页时，单击"刷新"按钮，可以停止当前操作。
（　　）19. 启动 IE 浏览器后，用户在地址栏中输入网址，可以打开相应的网站。
（　　）20. 网址 http://www.yahoo.com 表示的网站名称是"新浪网"。

四、习题答案

（一）单项选择题

1. A　2. A　3. C　4. D　5. A　6. C　7. C　8. B　9. A　10. A
11. A　12. C　13. D　14. A　15. B　16. B　17. D　18. D　19. B　20. A
21. C　22. B　23. D　24. B　25. A　26. C　27. A　28. C　29. B　30. A

（二）多项选择题

1. BCD　　2. ABCD　3. AC　　4. ABC　5. ACD　6. ABD　7. BC
8. ABD　　9. ABC　10. ABC　11. ABC　12. ABCD 13. CD　14. ABCD
15. ABCD　16. ACD　17. BD　　18. ABCD 19. ABC　20. AB

（三）判断题

1. 对　2. 对　3. 错　4. 对　5. 对　6. 错　7. 对　8. 对　9. 错　10. 错
11. 对 12. 对 13. 对 14. 错 15. 对 16. 错 17. 对 18. 错 19. 对 20. 错

五、实训题

实训一

实训目的：连接 Internet。

实训内容：

1. 在你的计算机建立 ADSL 连接。

2. 在你的计算机任务栏上显示"本地连接"图标。

3. 查看你的计算机的 TCP/IP 配置。

4. 假设你的计算机通过 ADSL 方式接入 Internet，需要如下网络配置。

（1）IP 地址为动态 IP。

（2）自动获取 DNS 服务器地址。

请根据以上配置，在你自己的计算机上进行设置。

5. 假设你的计算机通过局域网加光纤方式接入 Internet，需要如下网络配置。

（1）IP　地址：10.167.4.121。

（2）子网掩码：255.255.255.0。

（3）网　　关：10.167.4.33。

（4）DNS 服务器：202.102.152.3，202.102.134.68。

请根据以上配置，在你自己的计算机上进行设置。

实训二

实训目的：获取网络信息。

实训内容：

1. 打开"临沂在线"首页（网址：http://www.lywww.com），然后将该网页保存到桌面上。

2. 在"临沂在线"首页中单击某个链接，在打开的网页中将部分文字复制到记事本，并用你的名字作为文件名保存到桌面上，然后将该文件上传到教师机。

3. 在"临沂在线"首页中单击"汽车"链接，打开"临沂在线汽车网"网页，将该网页中的任意一张汽车图片用你的名字作为文件名保存到桌面上，然后将该文件上传到教师机。

4. 打开"网易"首页（网址：http://www.163.com），将其添加到收藏夹，然后将"网易"首页设置为 IE 浏览器的主页。

5. 在 IE 浏览器中清除所有临时文件，然后将历史记录的保存天数设置为"0"。

6. 使用"百度"搜索引擎搜索有关荷花图片及文字说明，利用 Word 2010 新建文档，然后将荷花图片及文字说明复制到该文档中，用你的名字作为文件名保存，并将该文件上传到教师机。

实训三

实训目的：收发电子邮件。

实训内容：

1. 申请网易免费电子邮箱（网址：http://www.163.com）。

2. 给任课教师发送邮件一封，用你的名字作为邮件主题，邮件正文为"老师您好，我的邮箱申请完毕，请查收"。

3. 将文件 lx.txt 作为邮件附件一并发送。

第四章
文字处理软件应用

一、单项选择题

1. 在软件系统中，文字处理软件 Word 2010 属于（　　）。
   A. 应用软件　　　　　　　　　　　　B. 语言处理软件
   C. 操作系统　　　　　　　　　　　　D. 数据库管理系统

2. Word 2010 是（　　）软件包中的一个组件。
   A. Office 2010　　B. CAD　　　　　C. Visual Studio　　D. Internet

3. Word 2010 中，同时显示水平标尺和垂直标尺的视图是（　　）。
   A. 草稿　　　　B. 大纲视图　　　　C. 页面视图　　　　D. 全屏显示

4. Word 2010 中，用于控制文档在屏幕上显示大小的命令是（　　）。
   A. 全屏显示　　　B. 显示比例　　　　C. 缩放显示　　　　D. 页面显示

5. 编辑 Word 文档时，使用（　　）可以对文档内容进行移动、查找等操作。
   A. "开始"选项卡　B. "文件"选项卡　C. "插入"选项卡　D. "视图"选项卡

6. Word 2010 中，退出 Word 的快捷键是（　　）。
   A. Ctrl+F4　　　　B. Alt+F4　　　　C. Alt+X　　　　　D. Alt+Shift

7. Word 2010 中，要将选定的字符位置提升 5 磅，应该选择的命令是（　　）。
   A. 字符缩放　　　B. 字符间距　　　　C. 字符位置　　　　D. 文字效果

8. Word 2010 中，"页面设置"对话框中不能设置的是（　　）。
   A. 页边距　　　　B. 纸张大小　　　　C. 页面背景　　　　D. 纸张方向

9. Word 2010 中，"首字下沉"命令在（　　）选项卡（　　）命令组中。
   A. 开始，字体　　B. 插入，文本　　　C. 开始，文本　　　D. 插入，插图

10. Word 2010 中，表格编辑不包括（　　）操作。
    A. 旋转单元格　　B. 插入单元格　　　C. 删除单元格　　　D. 合并单元格

11. Word 2010 中，显示网格线的命令在（　　）选项卡下。
    A. 插入　　　　　B. 页面布局　　　　C. 审阅　　　　　　D. 视图

12. Word 2010 中，对图片的操作，说法不正确的是（　　）。
    A. 可以改变大小　　　　　　　　　　B. 可以剪裁
    C. 可以设置阴影效果　　　　　　　　D. 不可重新着色

13. Word 2010 中，在文本选定区中使用"Ctrl + 单击"的作用是（　　）。
    A. 选定多行　　　B. 定位插入点　　　C. 选字句子　　　　D. 选定全文

14. Word 2010 中，编辑文字时，浮出的工具栏可以对字符进行（　　）。
    A. 设置字号　　　B. 设置字符效果　　C. 添加字符阴影　　D. 添加字符边框

15. Word 2010 中，若想在插入和改写两种编辑状态下切换，应按（　　）键。
    A. Ctrl+I　　　　　B. Delete　　　　　　C. Insert　　　　　　D. Esc

16. Word 2010 中，文档保存时，输入文件名 ABC，文档的全文件名是（　　）。
    A. ABC　　　　　　B. ABC.DOT　　　　　C. ABC.DOCX　　　　D. ABC.XLSX

17. Word 2010 中，插入点的形状是（　　）。
    A. 手形　　　　　　B. 箭头　　　　　　　C. 闪烁的竖条　　　　D. 横条

18. Word 2010 中，要将插入点快速移动到文档开始位置，应按（　　）键。
    A. Ctrl+Home　　　B. Ctrl+Page Up　　　C. Ctrl+End　　　　　D. Home

19. Word 2010 中，把鼠标指针移到文本选定区，指针变成右指箭头，若（　　），则选定该段落。
    A. 单击左键　　　　B. 单击右键　　　　　C. 双击左键　　　　　D. 双击右键

20. Word 2010 中，选定图片后，可以（　　）图片四周的控点来调整图片大小。
    A. 单击　　　　　　B. 拖动　　　　　　　C. 双击　　　　　　　D. 指向

21. Word 2010 中，设置字符格式首先应（　　），否则命令不起作用。
    A. 移动插入点　　　　　　　　　　　　　B. 选定文本
    C. 执行相应的命令　　　　　　　　　　　D. 单击功能区中相应的按钮

22. Word 2010 中，要使整个段落向右缩进 2 个字符，应当设置该段落（　　）。
    A. 首行缩进　　　　B. 悬挂缩进　　　　　C. 左缩进　　　　　　D. 右缩进

23. Word 2010 中，段落标记是在输入（　　）时产生的。
    A. 句号　　　　　　B. 回车键　　　　　　C. 分段符　　　　　　D. Shift+Enter

24. Word 2010 中，对段落进行分栏时，最多可以分为（　　）。
    A. 一栏　　　　　　B. 两栏　　　　　　　C. 三栏　　　　　　　D. 任意栏

25. Word 2010 中，把选定的文本删除并保存在剪贴板上，应单击（　　）按钮。
    A. 保存　　　　　　B. 复制　　　　　　　C. 剪切　　　　　　　D. 粘贴

26. Word 2010 中，插入的图片默认文字环绕方式为（　　）。
    A. 嵌入　　　　　　B. 浮于文字上方　　　C. 衬于文字下方　　　D. 紧密型

27. Word 2010 中，文档编辑完毕，单击窗口右上角的"关闭"按钮，将（　　）。
    A. 文档关闭　　　　　　　　　　　　　　B. 文档保存
    C. 不予执行　　　　　　　　　　　　　　D. 询问是否保存修改

28. Word 2010 中，用户可用（　　）直观地改变段落缩进，调整左、右边界。
    A. 菜单栏　　　　　B. 工具栏　　　　　　C. 状态栏　　　　　　D. 标尺

29. Word 编辑状态下，设置段落行距为 1.8 行，应在"行距"框中选择（　　）。
    A. 2 倍行距　　　　B. 固定值　　　　　　C. 多倍行距　　　　　D. 单倍行距

30. 当用户误删除一段文本时，单击（　　）按钮可以让被删除的文本重新显示。
    A. 复制　　　　　　B. 粘贴　　　　　　　C. 恢复　　　　　　　D. 撤销

31. Word 2010 中，"段落"对话框可以设置段落间距，但不包括（　　）。
    A. 段前间距　　　　B. 段后间距　　　　　C. 字符间距　　　　　D. 行间距

32. Word 2010 中，"打印"窗口中的"打印所有页/打印当前页面"选项指（　　）。
    A. 当前窗口显示页　　　　　　　　　　　B. 最早打开的页
    C. 最后打开的页　　　　　　　　　　　　D. 插入点所在页

33. Word 2010 中，"页面设置"对话框不能设置（　　）。
　　A. 纸张来源　　　B. 分栏　　　　　　C. 页边距　　　　　D. 纸张大小

34. Word 2010 中，文档中不可以插入（　　）。
　　A. 自选图形　　　B. 图片　　　　　　C. 艺术字　　　　　D. 声音文件

35. Word 2010 中，要想为当前打开的文档中的文本设置字符提升效果，首先应当打开（　　）对话框。
　　A. 艺术字库　　　B. 设置艺术字格式　C. 艺术字形状　　　D. 文字环绕

36. Word 2010 中，通过（　　）功能区中的"页面设置"命令进行页面设置。
　　A. 文件　　　　　B. 开始　　　　　　C. 插入　　　　　　D. 页面布局

37. Word 2010 中，要删除插入点左边的字符，应该按（　　）键。
　　A. Delete　　　　B. Shift+Delete　　C. Enter　　　　　D. Backspace

38. Word 2010 中，要将段落首行向右缩进 2 个字符，应该使用（　　）命令。
　　A. 左缩进　　　　B. 悬挂缩进　　　　C. 首行缩进　　　　D. 右缩进

39. Word 2010 中，"字体"对话框中不能设定文字的（　　）。
　　A. 缩进　　　　　B. 字形　　　　　　C. 颜色　　　　　　D. 字符间距

40. Word 2010 中，对文档中插入的页眉或页脚进行编辑，可以双击（　　）。
　　A. 文本区　　　　B. 页眉、页脚区　　C. 菜单栏　　　　　D. 工具栏

41. Word 2010 中，要更改字符之间的间距，应该使用的命令是（　　）。
　　A. 字符间距　　　B. 字符缩放　　　　C. 分散字符　　　　D. 分散对齐

42. Word 2010 中，使用格式刷后，要取消格式刷，可以按（　　）键。
　　A. Ctrl　　　　　B. Alt　　　　　　C. Esc　　　　　　D. Shift

43. 以下关于 Word 2010 的功能中，说法不正确的是（　　）。
　　A. Word 具有较强文字处理功能　　　B. Word 具有处理表格功能
　　C. Word 具有处理图形的功能　　　　D. Word 具有编程功能

44. Word 2010 中，以下关于表格的功能，说法正确的是（　　）。
　　A. 表格建立后，行列不能随意增减　　B. 对表格中数据不能进行运算
　　C. 表格单元格中不能插入图片文件　　D. 可以拆分单元格

45. Word 2010 中，打开 Word 文档是指（　　）。
　　A. 把文档内容从内存读出并显示出来
　　B. 把文档内容显示并打印出来
　　C. 把文档内容从磁盘调入内存并显示出来
　　D. 创建一个空白的文档窗口

46. Word 2010 中，为避免编辑过程中突然断电造成数据丢失，应（　　）。
　　A. 在新建文档时保存文档　　　　　　B. 打开文档时做存盘操作
　　C. 每隔一段时间做存盘操作　　　　　D. 文档编辑完毕立即保存文档

47. Word 2010 中，要将已修改完的文档保存到其他位置，应选择（　　）。
　　A. 单击快速访问工具栏中的"保存"按钮
　　B. "文件"选项卡中的"保存"命令
　　C. "文件"选项卡中的"另存为"命令
　　D. 必须先关闭该文档

48. Word 2010 中，属于段落对齐方式的命令是（　　）。

    A. 左对齐、两端对齐、居中、右对齐和分散对齐

    B. 左对齐、分散对齐

    C. 左对齐、两端对齐、居中

    D. 分散对齐、右对齐、居中

49. Word 2010 中，关于表格的操作，说法正确的是（　　）。

    A. 可以调整每列的宽度，但不能调整每行的高度

    B. 可以调整每行和列的宽度和高度，但不能修改表格线

    C. 不能划斜线

    D. 以上说法都不对

50. Word 2010 中，要把文档中多处同样的错误一次更正，正确的方法是（　　）。

    A. 逐字查找并删除错误文字，再更正

    B. 使用"定位"命令

    C. 使用"编辑"菜单中的"替换"命令

    D. 使用"撤销"与"恢复"命令

二、多项选择题

1. Word 2010 中，有关段落悬挂缩进的说法，错误的是（　　）。

    A. 选定段落的第一行位置缩进，其他行位置不变

    B. 选定段落的第一行位置不变，其他行位置缩进

    C. 选定的段落向左缩进

    D. 选定的段落向右缩进

2. Word 2010 中，下列关于编辑页眉、页脚的叙述，正确的是（　　）。

    A. 文档内容和页眉、页脚可以在同一窗口编辑

    B. 文档内容和页眉、页脚可以一起打印

    C. 编辑页眉、页脚时不能编辑文档内容

    D. 页眉、页脚中可以进行格式设置

3. 假设打开一个文档，编辑后进行"保存"操作，下列说法不正确的是（　　）。

    A. 文档保存在原文件夹下　　　　　　B. 文档可以保存在已有的其他文件夹下

    C. 文档可以保存在新建文件夹下　　　D. 文档保存后被关闭

4. Word 2010 中，关于查找操作的说法，正确的是（　　）。

    A. 无论什么情况下，查找操作都是在整个文档内进行

    B. 可以从插入点位置开始向下查找

    C. 可以查找带格式的文本内容

    D. 可以查找一些特殊的格式符号，如分页符等

5. Word 2010 中，以下对表格操作的叙述，正确的是（　　）。

    A. 在表格的单元格中，除了输入文字、数字，还可以插入图片

    B. 表格的每一行中各个单元格的宽度可以不同

    C. 表格的每一列中各个单元格的高度可以不同

    D. 表格的表头单元格可以绘制斜线

6. Word 2010 中，不能实现选定整个文档的操作是（　　）。

    A. 按 Shift+A 组合键　　　　　　　　　　B. 使用鼠标三击文本选定区

    C. 按 Alt+A 组合键　　　　　　　　　　　D. 执行"编辑"菜单中的"全选"命令

7. Word 2010 中，查找和替换命令的功能很强大，其中包括（　　）。

    A. 能够查找和替换带格式的文本　　　　　B. 能够查找图形对象

    C. 不能够用通配字符进行查找和替换　　　D. 能够实现双向查找

8. Word 2010 中，有关表格的操作，说法错误的是（　　）。

    A. 单元格在水平方向及垂直方向都可以合并

    B. 可以在单元格中插入图形

    C. 输入公式后，若表格数值改变，可以自动重新计算结果

    D. 只能将一个表格拆分成两个表格

9. Word 2010 中，下列关于打开文档的说法，错误的是（　　）。

    A. 为文档开设一个空白编辑区域

    B. 把文档内容从内存读出并显示出来

    C. 把文档内容从磁盘读入内存并显示出来

    D. 显示并打印文档内容

10. Word 2010 中，关于格式刷的说法，正确的是（　　）。

    A. 单击格式刷图标，格式刷可以使用一次

    B. 双击格式刷图标，格式刷可以任意使用多次

    C. 格式刷可以复制字体和段落格式

    D. 按 Esc 键可以取消格式刷

11. Word 2010 中，文本的字形包括（　　）。

    A. 常规　　　　　　B. 倾斜　　　　　　　C. 加粗　　　　　　　　D. 下划线

12. Word 2010 中，要将一部分文本移动到另一位置，应进行的操作有（　　）。

    A. 剪切　　　　　　B. 选择文本　　　　　C. 查找　　　　　　　　D. 粘贴

13. Word 2010 中，要将一部分文本复制到另一位置，应进行的操作有（　　）。

    A. 粘贴　　　　　　B. 选定文本块　　　　C. 查找　　　　　　　　D. 复制

14. Word 2010 中，属于 Word 视图方式的有（　　）。

    A. 普通视图　　　　B. 页面视图　　　　　C. 阅读版式视图　　　　D. Web 版式视图

15. Word 2010 中，新建文档默认的文件名不可能是（　　）。

    A. Word1　　　　　B. Book1　　　　　　C. 文档 1　　　　　　　D. 演示文稿 1

16. Word 2010 中，可以给（　　）添加边框。

    A. 图片　　　　　　B. 表格　　　　　　　C. 段落　　　　　　　　D. 选定文本

17. Word 2010 中，给选定的段落分栏时，可以设置的项目有（　　）。

    A. 栏数　　　　　　B. 栏宽　　　　　　　C. 分隔线线型　　　　　D. 应用范围

18. Word 2010 中，"页面设置"对话框中可以设置（　　）。

    A. 是否添加页眉、页脚　　　　　　　　　B. 是否横排页面

    C. 奇偶页页眉、页脚是否相同　　　　　　D. 正文是否竖排

19. Word 2010 中，对表格数据排序时，不能按照数据的（　　）排序。

    A. 笔画　　　　　　B. 数字　　　　　　　C. 字号　　　　　　　　D. 拼音

20. Word 2010 中，对于文档中插入的图片，能进行的操作有（　　　）。
    A. 放大或缩小　　　　　　　　　　　B. 修改其中的图形
    C. 移动位置　　　　　　　　　　　　D. 从矩形边缘裁剪

21. Word 2010 中，设置字符格式包含下面的操作（　　　）。
    A. 设置字符的字体、字形、字号　　　B. 设置字符的文字效果
    C. 设置字符的行间距　　　　　　　　D. 设置字符的下划线

22. Word 2010 中，文本的选定能够进行的操作有（　　　）。
    A. 选定一个字符或句子　　　　　　　B. 选定若干连续的文本
    C. 选定不连续的文本　　　　　　　　D. 选定一个矩形块的文本

23. Word 2010 中，删除文本框时，不会出现的结果有（　　　）。
    A. 只删除文本框内的文本　　　　　　B. 只删除文本框的边框线
    C. 文本框边框线和文本都删除　　　　D. 删除文本框后正文不能重排

24. Word 2010 中，可以实现的操作有（　　　）。
    A. 编辑文档　　　B. 表格处理　　　C. 图形处理　　　　D. 数据库管理

25. Word 2010 中，选择整个表格并执行"删除行"命令，说法不正确的有（　　　）。
    A. 整个表格被删除　　　　　　　　　B. 表格仅有一行被删除
    C. 表格仅有一列被删除　　　　　　　D. 表格没有被删除的内容

26. Word 2010 中，下列关于分栏的说法，正确的是（　　　）。
    A. "宽度和间距"选项下，可以设置每栏的宽度和间距
    B. "分隔线"是加在相邻两栏之间的线
    C. "分栏"对话框的右下部分是预览框
    D. 进行分栏前要先将进行分栏的段落选中

27. Word 2010 中，下列关于页眉和页脚的说法，正确的有（　　　）。
    A. 奇、偶数页可以插入不同的页眉和页脚内容
    B. 输入页眉和页脚时可以在每一页中插入页码
    C. 每一页的页眉和页脚可以设置成相同的内容
    D. 插入页码时必须在每一页中都要输入页码

28. Word 2010 中，关于"页面设置"命令的说法，不正确的有（　　　）。
    A. "页面设置"命令位于"视图"选项卡
    B. "页面设置"对话框有三个选项卡
    C. "页面设置"对话框可以设置垂直对齐方式
    D. "页面设置"命令通常应用于整篇文档

29. Word 2010 中，下列关于表格操作的叙述，正确的是（　　　）。
    A. 可以将表中两个或多个单元格合成一个单元格
    B. 可以将两张表格合成一张表格
    C. 可以给表格添加实线边框
    D. 不能将一张表格拆分成两张表格

30. Word 2010 中，关于查找或替换操作，说法错误的有（　　　）。
    A. 查找或替换只能对文本操作　　　　B. 查找或替换不能对段落格式操作
    C. 查找或替换可以对指定的格式操作　D. 查找或替换不能对指定的格式操作

三、判断题

（　　）1. Word 2010 启动后，会自动建立一个没有名字的空白文档。

（　　）2. Word 2010 中，输完一行文本后，应按回车键换到下一行。

（　　）3. Word 2010 中，修改文本时，必须首先把插入点移到需要修改的位置。

（　　）4. Word 2010 中，绝大多数操作都遵循先选定后操作的规则。

（　　）5. Word 2010 中，按回车键后当前段落的格式将带入新的段落。

（　　）6. Word 2010 中，按 Ctrl+End 键可以使光标一次跳至文档尾部。

（　　）7. Word 2010 中，在文档中选取对象后，按 Delete 键，可以将其删除。

（　　）8. Word 2010 中，通常使用"磅"或"号"作为字号单位。

（　　）9. "段落"对话框中可以进行缩进、段落间距、字体和行间距的设置。

（　　）10. Word 文档的保存是指将位于编辑缓冲区中的内容保存到文件中。

（　　）11. Word 编辑状态下，选中标题，连击两次 B 按钮，标题将呈粗体显示。

（　　）12. Word 2010 中，"恢复"命令的功能是将误删除的文本恢复到原位置。

（　　）13. Word 2010 中，选定段落的方法是在待选段落选定区三击鼠标左键。

（　　）14. Word 2010 中，格式刷的作用是用于复制所选对象。

（　　）15. Word 2010 中，文档可以保存为扩展名为".txt"的文本文档。

（　　）16. Word 2010 中，不能将靠左的表格整体居中。

（　　）17. Word 2010 中，文档的首页可以不含页码。

（　　）18. Word 2010 中，可以将 Word 文档保存为 Web 文件。

（　　）19. Word 2010 中，文档中的每一节可以采用不同的排版格式。

（　　）20. Word 2010 中，"页面设置"对话框中能够设置页边距和纸张大小。

（　　）21. Word 2010 中，创建项目符号时，是以段落为单位创建的。

（　　）22. Word 2010 中，控制段落第一行第一字的起始位置，应设置首字下沉。

（　　）23. Word 2010 中，文本框内既可以输入文本，也可以插入图片。

（　　）24. Word 2010 中，设置字体格式时，可以分别设置中文和英文字体。

（　　）25. Word 2010 中，页码位置可以在"打印"对话框中进行设置。

（　　）26. Word 2010 中，页边距是指文档正文与页边界的距离。

（　　）27. Word 2010 中，文档每一页都需要出现的内容可以放在页眉与页脚中。

（　　）28. Word 2010 中，可以把文档中插入的图片设置为水印效果。

（　　）29. Word 2010 中，文本框的大小和位置无法进行调整。

（　　）30. Word 2010 中，拆分表格是指将原来的表格拆分成左、右两个表格。

四、习题答案

（一）单项选择题

1. A　2. A　3. C　4. B　5. A　6. B　7. C　8. C　9. B　10. A

11. D　12. D　13. A　14. D　15. C　16. C　17. D　18. A　19. C　20. B

21. B　22. D　23. B　24. D　25. C　26. A　27. D　28. D　29. C　30. C

31. C　32. D　33. B　34. D　35. D　36. C　37. D　38. C　39. A　40. B

41. A　42. C　43. D　44. D　45. C　46. C　47. C　48. A　49. D　50. C

（二）多项选择题

1. ACD	2. BCD	3. BCD	4. BCD	5. ABD	6. AC	7. ABD
8. CD	9. ABD	10. BCD	11. ABC	12. ABD	13. ABD	14. BCD
15. ABD	16. ABCD	17. ABD	18. BCD	19. ABD	20. ACD	21. ABD
22. ABCD	23. ABD	24. ABC	25. BCD	26. ABCD	27. ABC	28. AB
29. ABC	30. ABD					

（三）判断题

1. 错　2. 错　3. 对　4. 对　5. 对　6. 对　7. 对　8. 对　9. 错　10. 对
11. 错　12. 对　13. 错　14. 错　15. 对　16. 错　17. 对　18. 对　19. 对　20. 对
21. 对　22. 错　23. 对　24. 对　25. 错　26. 对　27. 对　28. 对　29. 错　30. 错

五、实训题

实训一

实训目的：Word 2010 入门（一）。

实训内容：按要求完成以下操作。

1. 在桌面上启动 Word 2010，单击窗口右上角的"关闭"按钮退出。
2. 在"开始"菜单中启动 Word 2010，按 Alt+F4 组合键退出。
3. 将"新建""打开""快速打印"按钮添加到快速访问工具栏。
4. 按照【样文 1】内容输入，完成后保存，取名为 lx1.docx。
5. 使用以下两种方法打开文档 lx1.docx。

方法一：使用快速访问工具栏打开文档 lx1.docx。

方法二：使用"资源管理器"打开文档 lx1.docx。

6. 使用以下两种方法关闭文档 lx1.docx。

方法一：关闭文档 lx1.docx，不退出 Word。

方法二：关闭文档 lx1.docx，同时退出 Word。

【样文 1】

茶的功效

　　茶在英国被认为是：健康之液，灵魂之饮。在中国被誉为"国饮"。现代科学大量研究证实，茶叶确实含有与人体健康密切相关的生化成分，茶叶不仅具有提神清心、清热解暑、消食化痰、去腻减肥、清心除烦、解毒醒酒、生津止渴、降火明目、止痢除湿等药理作用，还对现代疾病，如心脑血管病、癌症等疾病，有一定的药理功效。可见，茶叶药理功效之多，作用之广，是其他饮料无可替代的。茶叶具有药理作用的主要成分是茶多酚、咖啡碱、脂多糖等。具体作用有：

　　有助于延缓衰老。

　　有助于抑制心脑血管疾病。

　　有助于防癌抗癌。

　　有助于降低辐射伤害。

　　有助于抑制和抵抗病毒菌。

　　有助于美容护肤。

　　有助于醒脑提神。

有助于利尿解乏。

有助于降脂助消化。

有助于护齿明目。

功效分类：

花茶：散发积聚在人体内的冬季寒邪、促进体内阳气生发，令人神清气爽。

绿茶：生津止渴，消食化痰，对口腔和轻度胃溃疡有加速愈合的作用。

青茶：润肤、润喉、生津、清除体内积热，让机体适应自然环境变化的作用。

红茶：生热暖腹，增强人体的抗寒能力，还可助消化，去油腻。

实训二

实训目的：Word 2010 入门（二）。

实训内容：按要求完成以下操作。

1. 启动 Word，按照【样文 2】内容输入，完成后保存，取名为 lx2.docx。

2. 给文档添加标题"茶的功效"，设置标题字体为黑体，字号为四号，居中。

3. 在第二段"Tea 的功效："后另起一段输入以下文本。

有助于延缓衰老。有助于抑制心脑血管疾病。有助于防癌抗癌。有助于降低辐射伤害。有助于抑制和抵抗病毒菌。有助于美容护肤。有助于醒脑提神。有助于利尿解乏。有助于降脂助消化。有助于护齿明目。

4. 将输入的文本从句号处另起一段，分为 10 个段落。

5. 删除文本"茶叶具有药理作用的主要成分是茶多酚、咖啡碱、脂多糖等。"

6. 将文档中的文本"Tea"全部替换为文本"茶"。

【样文 2】

　　Tea 在英国被认为是：健康之液，灵魂之饮。在中国被誉为"国饮"。现代科学大量研究证实，Tea 叶确实含有与人体健康密切相关的生化成分，Tea 叶不仅具有提神清心、清热解暑、消食化痰、去腻减肥、清心除烦、解毒醒酒、生津止渴、降火明目、止痢除湿等药理作用，还对现代疾病，如心脑血管病、癌症等疾病，有一定的药理功效。可见，Tea 叶药理功效之多，作用之广，是其他饮料无可替代的。Tea 叶具有药理作用的主要成分是 Tea 多酚、咖啡碱、脂多糖等。

　　Tea 的功效：

　　功效分类：

　　花 Tea：散发积聚在人体内的冬季寒邪、促进体内阳气生发，令人神清气爽。

　　绿 Tea：生津止渴，消食化痰，对口腔和轻度胃溃疡有加速愈合的作用。

　　青 Tea：润肤、润喉、生津、清除体内积热，让机体适应自然环境变化的作用。

　　红 Tea：生热暖腹，增强人体的抗寒能力，还可助消化，去油腻。

【效果图 2】

茶的功效

　　茶在英国被认为是：健康之液，灵魂之饮。在中国被誉为"国饮"。现代科学大量研究证实，茶叶确实含有与人体健康密切相关的生化成分，茶叶不仅具有提神清心、清热解暑、消食化痰、去腻减肥、清心除烦、解毒醒酒、生津止渴、降火明目、止痢除湿等药理作用，还对现代疾病，如心脑血管病、癌症等疾病，有一定的药理功效。可见，茶叶药理功效之多，作用之广，是其他饮料无可替代的。

茶的功效：

有助于延缓衰老。

有助于抑制心脑血管疾病。

有助于防癌抗癌。

有助于降低辐射伤害。

有助于抑制和抵抗病毒菌。

有助于美容护肤。

有助于醒脑提神。

有助于利尿解乏。

有助于降脂助消化。

有助于护齿明目。

功效分类：

花茶：散发积聚在人体内的冬季寒邪、促进体内阳气生发，令人神清气爽。

绿茶：生津止渴，消食化痰，对口腔和轻度胃溃疡有加速愈合的作用。

青茶：润肤、润喉、生津、清除体内积热，让机体适应自然环境变化的作用。

红茶：生热暖腹，增强人体的抗寒能力，还可助消化，去油腻。

实训三

实训目的：格式化文档（设置字符格式）。

实训内容：按要求完成以下操作。

1. 启动 Word，按照【样文 3】内容输入，完成后保存，取名为 lx3.docx。

2. 给文档添加标题"青年人读书"。设置标题字体为黑体、字号为小二、加粗、颜色为蓝色、居中。

3. 设置第一段落中的文本字体为华文新魏，字号为小四、倾斜，颜色为 RGB（128，0，0）、添加蓝色双下划线。

4. 给第二段落中的文本"但是总的说来，阅读是个人的事"添加删除线和"外部，向下偏移"阴影。

5. 将第二段落中的文本"都要由自己的心灵去默默感应，很多最重要的感受无法诉诸言表"字符缩放 150%，颜色设置为红色，文本"字字句句"字符位置降低 10 磅。

6. 将第二段落中的文本"阅读的程序主要由自己的生命线索来缩接，而细若游丝的生命线索是要小心翼翼地推理和维护的"字符间距加宽 4 磅，颜色设置为蓝色。

7. 给第二段落中的文本"这一切，都有可能被热闹所毁损"添加字符边框，要求：线型为双线，颜色为红色，线宽为 0.5 磅。

8. 给第二段落中的文本"更何况我们还是学生，即使有点肤浅的感受也不具备向外传播的价值"添加字符底纹，要求：图案样式为 25%，图案颜色为红色。

9. 设置第三段落中的文本字体为华文行楷、字号为小四、加着重号，添加文字效果"文本填充/渐变填充/熊熊火焰"。

【样文3】

有些青年人读书，喜欢互相讨论。互相讨论，能构建起一种兴趣场和信息场，单独的感受流通起来了，而流通往往能增值。

但是总的说来，阅读是个人的事。字字句句，都要由自己的心灵去默默感应，很多最重要的感受无法诉诸言表。阅读的程序主要由自己的生命线索来缩接，而细若游丝的生命线索是要小心翼翼地推理和维护的。这一切，都有可能被热闹所毁损。更何况我们还是学生，即使有点肤浅的感受也不具备向外传播的价值。

等到毕业之后，大家在人生感受上日趋成熟而在阅读上却成了孤立无援的流浪者，这倒需要寻找机会多交流读书信息了。

【效果图3】

青年人读书

有些青年人读书，喜欢互相讨论。互相讨论，能构建起一种兴趣场和信息场，单独的感受流通起来了，而流通往往能增值。

但是总的说来，阅读是个人的事。字字句句，都要由自己的心灵去默默感应，很多最重要的感受无法诉诸言表。阅读的程序主要由自己的生命线索来缩接，而细若游丝的生命线索是要小心翼翼地推理和维护的。这一切，都有可能被热闹所毁损。更何况我们还是学生，即使有点肤浅的感受也不具备向外传播的价值。

等到毕业之后，大家在人生感受上日趋成熟而在阅读上却成了孤立无援的流浪者，这倒需要寻找机会多交流读书信息了。

实训四

实训目的：格式化文档（设置段落格式）。

实训内容：按要求完成以下操作。

1. 启动 Word，按照【样文4】内容输入，完成后保存，取名为 lx4.docx。

2. 给文档添加标题"茶的功效"。设置标题字体为隶书，字号为二号，颜色为蓝色，居中，字符缩放150%，字符间距加宽5磅，字符位置提升10磅。

3. 设置文本"花茶""绿茶""青茶""红茶"字体为楷体，字形为加粗，颜色为红色，添加红色双波浪下划线；设置上述文本后面的文本字体为楷体，字形为加粗、倾斜，颜色为蓝色。

4. 将第一段右缩进2字符，其余段落首行缩进2字符。

5. 设置文本"茶的作用""功能分类"字体为黑体、字号为四号，段前、段后间距各10磅。

6. 设置第一段行距为固定值20磅，第三段至第十二段为1.3倍行距，最后四段段前、段后间距各10磅。

7. 将第一段首字下沉，要求：字体为黑体，下沉行数为2，距正文0.1厘米。

8. 给第三段至第十二段添加形如"√"的项目符号。

9. 给最后四段添加边框，要求：线型为双线、颜色为蓝色、线宽为0.5磅。

10. 给最后四段添加底纹，要求：图案样式为 25%，图案颜色为绿色。

【样文 4】

　　茶在英国被认为是：健康之液，灵魂之饮。在中国被誉为"国饮"。现代科学大量研究证实，茶叶确实含有与人体健康密切相关的生化成分，茶叶不仅具有提神清心、清热解暑、消食化痰、去腻减肥、清心除烦、解毒醒酒、生津止渴、降火明目、止痢除湿等药理作用，还对现代疾病，如心脑血管病、癌症等疾病，有一定的药理功效。可见，茶叶药理功效之多，作用之广，是其他饮料无可替代的。茶叶具有药理作用的主要成分是茶多酚、咖啡碱、脂多糖等。

　　茶的功效：

　　有助于延缓衰老。

　　有助于抑制心脑血管疾病。

　　有助于防癌抗癌。

　　有助于降低辐射伤害。

　　有助于抑制和抵抗病毒菌。

　　有助于美容护肤。

　　有助于醒脑提神。

　　有助于利尿解乏。

　　有助于降脂助消化。

　　有助于护齿明目。

　　功效分类：

　　花茶：散发积聚在人体内的冬季寒邪、促进体内阳气生发，令人神清气爽。

　　绿茶：生津止渴，消食化痰，对口腔和轻度胃溃疡有加速愈合的作用。

　　青茶：润肤、润喉、生津、清除体内积热，让机体适应自然环境变化的作用。

　　红茶：生热暖腹，增强人体的抗寒能力，还可助消化，去油腻。

【效果图 4】

茶 的 功 效

茶在英国被认为是：健康之液，灵魂之饮。在中国被誉为"国饮"。现代科学大量研究证实，茶叶确实含有与人体健康密切相关的生化成分，茶叶不仅具有提神清心、清热解暑、消食化痰、去腻减肥、清心除烦、解毒醒酒、生津止渴、降火明目、止痢除湿等药理作用，还对现代疾病，如心脑血管病、癌症等疾病，有一定的药理功效。可见，茶叶药理功效之多，作用之广，是其他饮料无可替代的。茶叶具有药理作用的主要成分是茶多酚、咖啡碱、脂多糖等。

茶的功效：

✓　有助于延缓衰老。

- ✓ 有助于抑制心脑血管疾病。
- ✓ 有助于防癌抗癌。
- ✓ 有助于降低辐射伤害。
- ✓ 有助于抑制和抵抗病毒菌。
- ✓ 有助于美容护肤。
- ✓ 有助于醒脑提神。
- ✓ 有助于利尿解乏。
- ✓ 有助于降脂助消化。
- ✓ 有助于护齿明目。

功效分类：

花茶：散发积聚在人体内的冬季寒邪、促进体内阳气生发，令人神清气爽。

绿茶：生津止渴，消食化痰，对口腔和轻度胃溃疡有加速愈合的作用。

青茶：润肤、润喉、生津、清除体内积热，让机体适应自然环境变化的作用。

红茶：生热暖腹，增强人体的抗寒能力，还可助消化，去油腻。

实训五

实训目的：设置页面和输出打印（设置页面）。

实训内容：按要求完成以下操作。

1. 启动 Word，按照【样文 5】内容输入，完成后保存，取名为 lx5.docx。

2. 设置纸张大小为 B5，上、下、左、右页边距各 2.5 厘米，打印方向为"横向"。

3. 设置标题"云卷云舒"字体为黑体，字号为二号，颜色为蓝色，居中，段后间距为 10 磅。

4. 设置正文字体为楷体，字号为四号，颜色为蓝色。正文所有段落首行缩进 2 字符，行距为固定值 24 磅。

5. 给文档添加页眉"云卷云舒"，设置页眉字体为华文行楷，字号为五号，颜色为红色，右对齐。

在文档页脚处插入页码，设置页码居中。

6. 将正文（除标题和日期外）平均分成两栏，要求：两栏中间加分隔线。

7. 给页面添加边框，要求：线型为"双波浪线"，颜色为 RGB（128，0，0），线宽为 0.75 磅。

8. 给页面添加背景，要求：背景为"填充效果/预设/羊皮纸"，底纹样式为"水平/变形 4"。最后以 75% 的比例显示文档。

【样文 5】

在成丝、成缕、成筐、成匹或成汪洋的云的卷帙里，我们可以取之不尽、用之不竭地寻回失落的记忆，获致温柔的寄托，开始绵密的思考，发掘艺术创作的灵感题材，任想象的羽翼，到处飞翔。

虽然，天地不仁，草木无情，宇宙浩瀚荒寒，人类生命永远只是电光石火的瞬间存在，但当渺小的人类，以看云那样活泼有情的眼光，去看待天地洪荒时，广漠的宇宙，在一个遥远而名叫地球的角落，终还是亮起了温暖美丽的光芒。

春天必然曾经是这样的：从绿意内敛的山头，一把雪再也撑不住了，噗嗤的一将冷面笑成花面，一首渐渐然的歌便从云端唱到山麓，从山麓唱到低低的荒村，唱入篱落，唱入一只小鸭的黄蹼，唱入软溶溶的春泥，软如一床新翻的棉被的春泥。

就这样，迎着风、沐着雨、沾着露、顶着雷，苦苦地走，忽而浅唱低吟，忽而长啸疾呼。所有的颠簸都在脚底起茧，所有的风云都在胸中郁积，所有的汗水都在肤上打皱，这一切都是为了知道山那边究竟是什么？如果是莽莽苍苍的林野，会不会有响箭的指向？如果是横亘无垠的暮霭，会不会有安详的晚钟？

【效果图 5】

实训六

实训目的：设置页面和输出打印（输出打印）。

实训内容：按要求完成以下操作。

1. 启动 Word，按照【样文 6】内容输入，完成后保存，取名为 lx6.docx。

2. 设置纸张大小为 B5，上、下、左、右页边距各 2.2 厘米，打印方向为"纵向"。

3. 设置标题"多嚼硬的老得慢"字体为华文新魏，字号为一号，颜色为蓝色，居中，段后间距为 0.5 行。

4. 设置正文第一段至第八段首行缩进 2 字符。

5. 设置正文第一、三、五、七段文本字体为仿宋，字号为小四，颜色为蓝色，行距为固定值 18 磅。

6. 设置正文第二、四、六、八段文本字体为黑体，字号为小四，颜色为 RGB（128，0，0），段前、段后间距各为 0.5 行。

7. 设置正文第九段至第十二段文本字体为仿宋，字号为小四，颜色为蓝色，行距为固定值 17 磅，添加如【效果图 6】所示项目符号。

8. 设置第一段首字下沉，要求：字体为黑体，下沉行数为 2，距正文 0.2 厘米。

9. 给页面添加边框，要求：线型为"划线-点"，颜色为 RGB（128，0，0），线宽为 1.5 磅。给页面添加背景，要求：背景为"填充效果/纹理/信纸"。

【样文 6】

多嚼硬的老得慢

现在的人，真是越来越"食不厌精"了：蛋糕唯恐不松软，蔬菜水果全部打成汁"喝"……食物一"精"，虽然变得细腻、柔软、口感好，便于咀嚼和吞咽，但却让大脑失去宝贵的锻炼机会。

防止大脑老化

北京东直门医院副院长田金洲教授告诉《生命时报》记者，人的咀嚼活动其实和大脑息息相关。较硬的食物需要大家费劲去嚼，当人咀嚼的次数增多或频率加快时，大脑的血流量明显增多，这就增加了脑细胞的信息传递，活化了大脑皮层，起到防止大脑老化和预防老年痴呆症的作用。因此，吃得过于精细并不是件好事儿。对于中老年人来说，每天嚼点硬的东西，不仅能充分品尝到食物的美味，又能锻炼大脑活力，可谓一举两得。

保持皮肤弹性

除此之外，时常嚼点硬的还有美容的功效。咀嚼可以产生一系列有利于消化的反射动力，刺激唾液腺分泌唾液。研究发现，唾液中含有一种能使人保持年轻的物质——腮腺激素，它能强化肌肉，还能增强血管弹性。随着年龄的增长，唾液腺开始萎缩，而要活化它的功能，最有效、最简便的方法就是咀嚼。有了足够的腮腺激素，血管和皮肤的弹性和活力就能得到保持，即使上了年纪也会红光满面，显得年轻。

促进儿童牙齿发育

除了中老年人外，正在长牙的孩子也该多吃点硬的，很多家长担心硬物孩子吃不动，把什么食物都做成粥状糊状，结果导致牙体缺乏必要的磨耗，刺激乳、恒牙替换，造成牙列拥挤，牙齿不整齐。

食物硬度等级表

一级（硬）：杏仁、开心果、榛子、核桃、甘蔗、肉干、生胡萝卜

二级（较硬）：瓜子、黄瓜、芹菜、饼干、苹果、梨、板栗、排骨、玉米、烧饼

三级（较软）：米饭、窝头、面条、绿叶蔬菜、南瓜、冬瓜、红薯

四级（软）：香蕉、西瓜、木瓜、果泥、茄子、粥

【效果图 6】

多嚼硬的老得慢

现在的人，真是越来越"食不厌精"了：蛋糕唯恐不松软，蔬菜水果全部打成汁"喝"……食物一"精"，虽然变得细腻、柔软、口感好，便于咀嚼和吞咽，但却让大脑失去宝贵的锻炼机会。

防止大脑老化

北京东直门医院副院长田金洲教授告诉《生命时报》记者，人的咀嚼活动其实和大脑息息相关。较硬的食物需要大家费劲去嚼，当人咀嚼的次数增多或频率加快时，大脑的血流量明显增多，这就增加了脑细胞的信息传递，活化了大脑皮层，起到防止大脑老化和预防老年痴呆症的作用。因此，吃得过于精细并不是件好事儿。对于中老年人来说，每天嚼点硬的东西，不仅能充分品尝到食物的美味，又能锻炼大脑活力，可谓一举两得。

保持皮肤弹性

除此之外，时常嚼点硬的还有美容的功效。咀嚼可以产生一系列有利于消化的反射动力，刺激唾液腺分泌唾液。研究发现，唾液中含有一种能使人保持年轻的物质——腮腺激素，它能强化肌肉，还能增强血管弹性。随着年龄的增长，唾液腺开始萎缩，而要活化它的功能，最有效、最简便的方法就是咀嚼。有了足够的腮腺激素，血管和皮肤的弹性和活力就能得到保持，大脑就能保持活力，即使上了年纪也会红光满面，显得年轻。

促进儿童牙齿发育

除了中老年人外，正在长牙的孩子也该多吃点硬的，很多家长担心硬物孩子吃不动，把什么食物都做成粥状糊状，结果导致牙体缺乏必要的磨耗，刺激乳、恒牙替换，造成牙列拥挤，牙齿不整齐。

食物硬度等级表

➢ 一级（硬）：杏仁、开心果、榛子、核桃、甘蔗、肉干、生胡萝卜
➢ 二级（较硬）：瓜子、生黄瓜、生芹菜、饼干、苹果、梨、板栗、排骨、玉米、烧饼
➢ 三级（较软）：米饭、窝头、面条、绿叶蔬菜、南瓜、冬瓜、红薯
➢ 四级（软）：香蕉、西瓜、木瓜、果泥、茄子、粥

实训七

实训目的：制作 Word 表格（制作和编辑表格）。

实训内容：按要求完成以下操作。

1. 设置纸张大小为 B5，上、下、左、右页边距各 2.5 厘米，打印方向为"横向"。

2. 输入标题"茗品轩 2012 年茶叶销售统计表"和文本"单位：克（g）"，标题下方插入 7 行 10 列表格，使用"合并单元格"命令合并相应单元格，然后在表格中输入【样表 7-1】所示文本。

3. 设置标题字体为华文新魏，字号为一号，居中；文本"单位：克（g）"字体为方正姚体，字号为小四，右对齐；表格中文本字体为宋体，字号为小四，相对于单元格水平居中、垂直居中。

【样表 7-1】

茗品轩 2012 年茶叶销售统计表

单位：克（g）

季度 \ 品种	绿茶			乌龙茶		其他类别			总销售量
	西湖龙井	碧螺春	黄山毛峰	铁观音	大红袍	君山银针	白毫银针	普洱	
第一季度	300	320	200	180	500	300	180	300	2280
第二季度	260	300	220	180	520	270	120	310	2180
第三季度	220	300	250	200	480	260	150	280	2140
第四季度	350	360	270	200	600	320	200	360	2660
平均销售量	282.5	320	235	190	525	287.5	162.5	312.5	

【补充实训】

1. 设置纸张大小为 B5，上、下、左、右页边距各 2.5 厘米，打印方向为"横向"。

2. 输入标题"课程表"，标题下方插入 5 行 7 列表格，使用"合并单元格"命令合并相应单元格，然后在表格中输入【样表 7-2】所示文本。

3. 设置标题字体为华文新魏，字号为小初，字符间距加宽 10 磅，居中；表格中文本字体为宋体，字号为四号，相对于单元格水平居中、垂直居中。

【样表 7-2】

课 程 表

星期 \ 节次		星期一	星期二	星期三	星期四	星期五
上午	1.2 节	数 学	数 学	数 学	数 学	数 学
上午	3.4 节	语 文	语 文	语 文	语 文	语 文
下午	5.6 节	班 会	英 语	体 育	英 语	音 乐
下午	7.8 节	课外活动	课外活动	课外活动	课外活动	课外活动

实训八

实训目的：制作 Word 表格（格式化表格）。

实训内容：按要求完成以下操作。

1. 设置纸张大小为 B5，上、下、左、右页边距各 2.5 厘米，打印方向为"横向"，页面背景颜色为 RGB（0，134，32）。

2. 输入标题"茗品轩 2012 年茶叶销售统计表"和文本"单位：克（g）"，标题下方插入 7 行 10 列表格，使用"合并单元格"命令合并相应单元格，然后在表格中输入【样表 8】所示文本。

3. 设置标题字体为华文新魏，字号为一号，居中；文本"单位：克（g）"字体为方正姚体，字号为小四，右对齐；表格中文本字体为宋体，字号为小四，相对于单元格水平居中、垂直居中。

4. 设置表格第1、2行的行高为1.1厘米，第3行至第7行的行高为1.5厘米，第1列的列宽为2.5厘米，其余列的列宽为2.1厘米，表格对齐方式为居中。

5. 给表格添加边框，要求：外框线型为双线，颜色为橙色（RGB（255，192，0）），线宽为0.75磅；内部线型为单线，颜色为红色，线宽为1磅；斜线表头线型为单线，颜色为红色，线宽为1磅。

6. 给表格添加底纹，要求：A1:A2单元格区域底纹为RGB（49，132，155）；A3:A7单元格区域底纹为RGB（178，166，199）；B1:J2单元格区域底纹为RGB（0，176，240）。

7. 计算各个季度茶叶的总销售量和每种茶叶四个的季度平均销售量。

【样表8】

茗品轩2012年茶叶销售统计表

单位：克（g）

品种 季度	绿茶			乌龙茶		其他类别			总销售量
	西湖龙井	碧螺春	黄山毛峰	铁观音	大红袍	君山银针	白毫银针	普洱	
第一季度	300	320	200	180	500	300	180	300	
第二季度	260	300	220	180	520	270	120	310	
第三季度	220	300	250	200	480	260	150	280	
第四季度	350	360	270	200	600	320	200	360	
平均销售量									

【效果图8-1】

茗品轩2012年茶叶销售统计表

单位：克（g）

品种 季度	绿茶			乌龙茶		其他类别			总销售量
	西湖龙井	碧螺春	黄山毛峰	铁观音	大红袍	君山银针	白毫银针	普洱	
第一季度	300	320	200	180	500	300	180	300	2280
第二季度	260	300	220	180	520	270	120	310	2180
第三季度	220	300	250	200	480	260	150	280	2140
第四季度	350	360	270	200	600	320	200	360	2660
平均销售量	282.5	320	235	190	525	287.5	162.5	312.5	

【补充实训】

1. 设置纸张大小为 B5，上、下、左、右页边距各 2.5 厘米，打印方向为"横向"。

2. 输入标题"课程表"，标题下方插入 5 行 7 列表格，使用"合并单元格"命令合并相应单元格，然后在表格中输入【效果图 8-2】所示文字。

3. 设置标题字体为黑体，字号为小初，字符间距加宽 10 磅，颜色为蓝色，居中；表格中文本字体为宋体，字号为四号，颜色为蓝色，相对于单元格水平居中、垂直居中。

4. 设置表格所有行高为 2 厘米，列宽为 3 厘米，表格对齐方式为居中。

5. 给表格添加边框，要求：外框线型为单线，颜色为红色，线宽 2.5 磅；内部线型为单线，颜色为蓝色，线宽 1 磅；第三行下框线型为双线，颜色为红色，线宽 1.5 磅。

6. 给表格添加底纹，要求：第一行底纹为 RGB（255，255，153），第一、二列底纹为 RGB（204，255，204），其余单元格区域底纹为 RGB（153，204，255）。

【效果图 8-2】

课 程 表

节次／星期		星期一	星期二	星期三	星期四	星期五
上午	1.2节	数 学	数 学	数 学	数 学	数 学
	3.4节	语 文	语 文	语 文	语 文	语 文
下午	5.6节	班 会	英 语	体 育	英 语	音 乐
	7.8节	课外活动	课外活动	课外活动	课外活动	课外活动

实训九

实训目的：图文混合排版（艺术字和图片）。

实训内容：按要求完成以下操作。

1. 启动 Word，按照【效果图 9】制作电子板报，完成后保存，取名为 lx9.docx。

2. 设置纸张大小为 A4，上、下、左、右页边距各 2.2 厘米，打印方向为"横向"。

3. 给页面添加边框，要求：线型为双波浪线，颜色为 RGB（128，0，0）。

4. 给页面添加背景，要求：背景为"填充效果/纹理/羊皮纸"。

5. 输入【样文 9】所示文本，设置文本字体为宋体，字号为四号，颜色为蓝色。

6. 插入艺术字"吸烟与健康"，要求：艺术字库第 3 行第 2 列样式，字体为华文行楷，字号为小初；形状填充为"渐变/变体/中心幅射"；文字效果为"发光/发光变体/橄榄色，8pt 发光，强调文字颜色 3"；艺术字高度为 2.1 厘米，宽度为 7.2 厘米；艺术字文字环绕为"四周型"；艺术字相对于页边距左对齐、顶端对齐。

7. 插入图片"1.jpg"至"4.jpg"。设置图片"2.jpg"和"3.jpg"高度为 5 厘米，宽度为 8.2 厘米；所有图片文字环绕为"四周型"；图片"1.jpg"相对页边距右对齐、顶端对齐；"2.jpg"和"4.jpg"相对页边距右对齐；"3.jpg"相对页边距左对齐。

8. 选中图片"4.jpg"，使用"格式"功能区"调整"命令组中的"颜色/设置透明色"命令，设置"4.jpg"白色背景为透明。最后以 75% 的比例显示文档。

【样文 9】

　　最近，中国预防医学科学院、中国医学科学院、英国牛津大学临床试验和流行病学研究中心以及美国康奈尔大学的研究人员共同合作完成了总题目为《中国正在出现的吸烟危害》的两项研究。一项是由中国医学科学院刘伯齐教授领导的研究小组对中国 24 个城市和 74 个县的 100 万个家庭进行的题为《一百万死亡的相对死亡率研究》的回顾性研究；另一项是由中国预防医学科学院钮式如和杨功焕教授领导的研究小组对中国 45 个地区的 25 万成年人的《中国吸烟前瞻性研究》。

　　该两项研究成果表明，在中国男性人群中，由于吸烟而死亡人数正在急剧增加。如果目前吸烟状况持续下去，那么将面临吸烟所致疾病的大规模流行。1990 年，中国吸烟所致死亡人数 60 万，到下世纪初，每年将接近 100 万；根据目前的吸烟模式分析，到 2025 年左右，每年吸烟死亡人数将达到 200 万；到下世纪中叶，当现在的年轻人步入老年时，每年将有 300 万人死于吸烟。

　　广泛深入开展宣传教育，使公民充分意识到吸烟的危害性，从而自觉戒烟并抵制香烟的泛滥。建立控烟法规，明确规定不准向青少年出售香烟，禁止或限制在公共场所、交通工具上吸烟；禁止在交际场合互赠香烟；禁止刊登香烟广告。

【效果图 9】

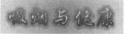

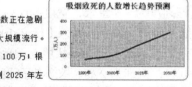
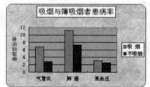

实训十

实训目的：图文混合排版（自选图形和文本框）。

实训内容：按要求完成以下操作。

1. 启动 Word，按照【效果图 10】制作电子板报，完成后保存，取名为 lx10.docx。
2. 设置纸张大小为 A4，上、下、左、右页边距各 2.2 厘米，打印方向为"横向"。

3. 给页面添加边框，要求：线型为双波浪线，颜色为 RGB（128，0，0）。给页面添加背景，要求：背景为"填充效果/纹理/羊皮纸"。

4. 插入艺术字"学习与卫生习惯"，要求：艺术字库第 4 行第 5 列样式，字体为华文新魏，字号为初号；文字填充颜色为蓝色；文字环绕为"四周型"；艺术字相对于页边距水平居中、顶端对齐。

5. 插入自选图形"圆角矩形"。设置"圆角矩形"无填充颜色；形状轮廓颜色为 RGB（128，0，0），虚实为"圆点"，粗细为 3 磅；自选图形高度为 2.5 厘米，宽度为 5.5 厘米；相对于页边距左对齐、顶端对齐。

6. 在"圆角矩形"上输入两行文本"2015 年第 2 期·向阳中学主办"和"责任编辑 2014 级 1 班张朝阳"。设置文本字体为宋体，字号为五号，颜色为蓝色，居中，第 1 行文本段后间距为 1.5 行。

7. 插入自选图形"椭圆"。设置"椭圆"填充颜色为 RGB（128，0，0）；无轮廓颜色；高度为 0.1 厘米，宽度为 5 厘米。将"椭圆"移到 2 行文本中间，使"椭圆"相对于"圆角矩形"水平居中、垂直居中，然后将"椭圆"和"圆角矩形"组合。

8. 插入自选图形"圆角矩形"。设置"圆角矩形"填充颜色为 RGB（153，204，255）；无轮廓颜色；高度为 2.5 厘米，宽度为 5.5 厘米；相对于页边距右对齐、顶端对齐。

9. 在"圆角矩形"上输入三行文本"2015 年 9 月""18 日"和"星期五"。设置文本字体为宋体，字号为五号，颜色为蓝色，居中，3 行文本行距为固定值 18 磅。

10. 插入两个艺术字"培养良好习惯"和"病毒挡在门外"，要求：艺术字库第 1 行第 1 列样式，字体为华文新魏，字号为小初；艺术字文本填充颜色和文本轮廓颜色为 RGB（128，0，0）；艺术字文字环绕为"四周型"。

11. 插入横排文本框，输入【样文 10-1】所示文本，设置文本"流感"字体为隶书、字号为四号、颜色为蓝色、单下划线，其余文本字体为宋体、字号为五号、颜色为 RGB（128，0，0）。设置文本框无形状填充颜色；形状轮廓颜色为蓝色，虚实为"长划线-点"，粗细为 2 磅；文本框高度为 8.5 厘米，宽度为 12.1 厘米。

12. 插入竖排文本框，输入【样文 10-2】所示文本，设置文本字体为宋体、字号为五号、颜色为蓝色。设置文本框无形状填充颜色；形状轮廓颜色为 RGB（128，0，0），虚实为"长划线-点-点"，粗细为 2 磅；文本框高度为 13.2 厘米，宽度为 7.6 厘米。

13. 插入艺术字"电脑也能影响健康"，要求：艺术字库中第 1 行第 1 列样式，字体为华文新魏，字号为小初；艺术字文本填充颜色和文本轮廓颜色为 RGB（128，0，0）；艺术字文字环绕为"四周型"，艺术字文字竖排。

14. 插入图片"1.jpg"和"2.jpg"。设置图片文字环绕为"四周型"；图片"1.jpg"高度为 5.12 厘米，宽度为 2.91 厘米；图片"2.jpg"缩放比例为 59%；图片"1.jpg"和"2.jpg"相对于页边距左对齐。

15. 选中图片"2.jpg"，使用"格式"功能区"调整"命令组中的"颜色/设置透明色"命令，设置"2.jpg"白色背景为透明。最后以 75% 的比例显示文档。

【样文 10-1】

流感是由流感病毒引起的流行性感冒，主要临床表现为：起病急，畏寒高热，显著乏力，咽痛、头痛及全身酸痛，多无鼻塞流涕。腹泻呈水样便，急性热病容，面颊潮红，结膜外眦充血，咽轻度充血。肺可闻干罗音。发热 1 至 2 天达高峰，3 至天内退热，但乏力可持续一周以上。轻型流感发热不高，全身及呼吸道症状较轻，病程 2 至 3 天。流感患者病初 2 至 3 天传染性最强，主要传播方式是空气飞沫传播，人群普遍易感，潜伏期数小时至 4 天。现正进入秋季，早午晚温差变化较大，忽冷忽热，人体难以适应外界气温的变化，更要加强预防。

预防流感的主要方法有：经常通风换气，保持室内空气清新；尽量避免去人群密集、空气污浊的公共场所；合理饮食起居，保证充足的营养和睡眠；根据天气的变化加减衣服，注意保暖，不要受凉；多参加户外体育活动，增强体质；勤洗手，注意个人卫生；必要时还可口服中药汤剂或西药预防。此外，每年接种最新流感疫苗是目前医学界公认的预防流感的有效手段，可大大降低感染率，也有利于节约医疗资源。

【样文 10-2】

越来越多的证据表明，电脑会影响使用者人体健康，甚至带来比较大的危害，或许将来电脑显示器旁也要贴上警示"使用电脑危害健康"！

就目前所知而言，电脑最明显的危害是可以给使用者带来较大的精神压力。伦敦一家地方报纸《标准晚报》上刊登的一份研究报告称，一种被称之为"电脑狂暴症"的新病症正在日益引起大家的关注。这个问题是如此严重，以至于个人电脑制造业巨头康柏电脑公司专门开辟了一条热线服务电话，来帮助用户平静自己因使用电脑而造成的紧张情绪。

这份研究报告发现，女性要比男性更容易感受到电脑所带来的精神压力，有 21%被调查的女性声称自己因使用电脑而处于神经高度紧张的状态，而有类似感觉的男性比例为15%。而情绪最不容易受到电脑影响的人群是十几岁的青少年和没有小孩的成年女性。这份研究报告还有一个有趣的发现，在因使用电脑而使国民神经紧张的全球国家排名中，英国位居第三，而被公认为电脑普及程度最高的美国仅位居第七。

【效果图 10】

实训十一

实训目的：综合实训一。

实训内容：按要求完成以下操作。

1. 启动 Word，按照【样文 11】内容输入，完成后保存，取名为 lx11.docx。

2. 设置纸张大小为 16 开，上、下页边距各 2.5 厘米，左、右页边距各 2.2 厘米，打印方向为"纵向"。

3. 设置文本"诗词鉴赏"字体为方正姚体，文本"浣溪沙"字体为华文新魏，文本"晏殊"字体为仿宋，诗正文字体为华文行楷，最后一段文本字体为隶书。

4. 设置文本"诗词鉴赏"字号为小四，文本"浣溪沙"字号为一号，文本"晏殊"字号为小四，诗正文字号为三号，文本"解析"字号为四号，其余文本字号为小四。

5. 设置第一段文本字形为加粗、倾斜，第三段文本加单下划线，文本"解析"加红色双下划线。

6. 设置第一段"诗词鉴赏"右对齐，第二段和第三段居中，诗正文居中。

7. 设置第二段"浣溪沙"段前、段后间距各 0.5 行。诗正文段前、段后间距各 10 磅。最后一段行距为固定值 24 磅，悬挂缩进 2 字符。

8. 给最后一段添加边框，要求：线型为双线，颜色为蓝色，线宽为 1.5 磅。

9. 给最后一段添加底纹，要求：底纹颜色为 RGB（204，255，255）。

【样文 11】

诗词鉴赏

浣溪沙

晏殊

一曲新词酒一杯，去年天气旧亭台。夕阳西下几时回。

无可奈何花落去，似曾相识燕归来。小园香径独徘徊。

解析：此诗谐不邻俗，婉不嫌弱。明为怀人，而通体无一一怀人之语，但以景衬情。上片三名，因今思昔。现时景象，记得与昔时无殊。天气也，亭台也，夕阳也，皆依稀去年光景。但去年人在，今年人杳，故骤触此景，即引起离索之感。"无可"两句，虚对工整，最为昔人所称。盖既伤花落，又喜燕归，燕归而人不归，终令人抑郁不欢。小园香径，唯有独自徘徊而已。余味隽永。

【效果图 11】

诗词鉴赏

浣溪沙

晏殊

一曲新词酒一杯，去年天气旧亭台。夕阳西下几时回。

无可奈何花落去，似曾相识燕归来。小园香径独徘徊。

解析：此诗谐不邻俗，婉不嫌弱。明为怀人，而通体无一怀人之语，但以景衬情。上片三名，因今思昔。现时景象，记得与昔时无殊。天气也，亭台也，夕阳也，皆依稀去年光景。但去年人在，今年人杳，故骤触此景，即引起离索之感。"无可"两句，虚对工整，最为昔人所称。盖既伤花落，又喜燕归，燕归而人不归，终令人抑郁不欢。小园香径，唯有独自徘徊而已。余味隽永。

实训十二

实训目的：综合实训二。

实训内容：按要求完成以下操作。

1. 启动 Word，按照【样文 12】内容输入，完成后保存，取名为 lx12.docx。

2. 设置纸张大小为 B5，上、下、左、右页边距各 2.5 厘米，打印方向为"纵向"。

3. 设置标题字体为华文中宋，副标题字体为隶书，正文第一段和第二段字体为华文新魏，第三段字体为楷体，最后一段字体为方正姚体。

4. 设置标题字号为二号，副标题字号为四号，正文第一段至第四段文本字号为四号。正文第三段文本加红色单下划线，第四段文本加着重号。

5. 设置标题、副标题水平居中，正文第一段至第四段首行缩进 2 字符。

6. 设置副标题段前、段后间距各 0.5 行，正文第三段段前、段后间距各 18 磅，正文第一段至第二段行距为固定值 30 磅，正文第四段为 1.5 倍行距。

7. 将正文第一段和第二段平均分成两栏，要求：两栏间加分隔线。

8. 将正文第一段首字下沉，要求：字体为隶书，下沉行数为 2，距正文 0.2 厘米。

9. 给正文第四段添加边框，要求：线型为单线，颜色为蓝色，线宽 1 磅。

10. 给正文第四段添加底纹，要求：图案样式为 25%，图案颜色为红色。

11. 给页面添加边框，要求：线型为双波浪线，颜色为 RGB（128，0，0）。

12. 给页面添加背景，要求：背景为"填充效果/纹理/信纸"。

【样文 12】

沁园春·雪

毛泽东

北国风光，千里冰封，万里雪飘。望长城内外，惟余莽莽；大河上下，顿失滔滔。山舞银蛇，原驰蜡象，欲与天公试比高。须晴日，看红装素裹，分外妖娆。

江山如此多娇，引无数英雄竞折腰。惜秦皇汉武，略输文采；唐宗宋祖，稍逊风骚。一代天骄，成吉思汗，只识弯弓射大雕。俱往矣，数风流人物，还看今朝。

解析：《沁园春·雪》是毛泽东于 1936 年 2 月创作的一首词。诗词分上下两阕，上阕描写乍暖还寒的北国雪景，展现伟大祖国的壮丽山河；下阕由毛泽东主席对祖国山河的壮丽而感叹，并引出秦皇汉武等英雄人物，纵论历代英雄人物。

此词不仅赞美了祖国山河的雄伟和多娇，更重要的是赞美了今朝的革命英雄。抒发毛泽东伟大的抱负及胸怀。

实训十三

实训目的：综合实训三。

实训内容：按要求完成以下操作。

1. 启动 Word，按照要求制作文档"茶韵飘香"，完成后保存，取名为 lx13.docx。

2. 设置纸张大小为 B5，上、下、左、右页边距各 2.5 厘米，打印方向为纵向。

3. 设置页面背景颜色为 RGB（0，134，32）。在页眉右上角插入图片"2.jpg"，设置图片样式为"柔化边缘椭圆"。图片上方插入水平文本框，文本框无形状填充和形状轮廓颜色，文本框中输入文本"茶韵飘香"，设置文本字体为方正舒体、字号为小二，颜色为 RGB（0，84，18）。图片和文本框左右居中、上下居中，将图片和文本框组合，使组合后的图形相对页面右对齐。

4. 第 1 页制作要求如下。

【效果图 13-1】

（1）插入"运动型"封面。在封面"年"处输入文本"2016"，标题处输入文本"茶韵飘香"，设置标题字体为方正舒体，字号为 60，字符间距加宽 10 磅，左对齐。

（2）删除封面中原有图片。插入图片"1.jpg"，设置图片高度为 11.7 厘米，宽度为 13.9 厘米，文字环绕为"浮于文字上方"，相对于页面右对齐。

（3）删除封面右下角文本框。插入水平文本框，文本框无形状填充和轮廓颜色，输入文本"茗品山茶庄"，设置文本字体为方正舒体，字号为二号，颜色为白色。

5. 第 2 页制作要求如下。

（1）输入【样文 13-1】所示文本。设置标题"茶的功效"字体为字正舒体、字号为小初、颜色为白色、居中。设置正文字体为宋体，字号为小四，颜色为白色。

（2）设置第一段行距为 1.5 倍行距，首字下沉 2 行、楷体、距正文 0.1 厘米。

（3）设置"茶的作用""功能分类"字体为黑体、三号，段前、段后间距 0.5 行。

（4）设置第三段至第十二段行距为固定值 25 磅，添加项目符号，然后平均分为两栏。

（5）设置最后四段行距为 1.5 倍行距，段落悬挂缩进 3 字符。

【效果图 13-2】

6. 第 3 页制作要求如下。

（1）插入艺术字"茶叶的分类"。艺术字为第 1 行第 1 列样式，字体为方正舒体，字号为小初，文本填充颜色为白色，无文本轮廓颜色，文字效果为"阴影/透视/左上角透视"，艺术字相对于页边距左对齐、顶端对齐。

（2）输入【样文 13-2】所示文本。设置文本"绿茶""红茶""乌龙茶"字体为黑体、字号为三号，颜色为白色，其余文本字体为宋体、字号为小四、颜色为白色，所有段落悬挂缩进 3 字符，行距为 1.5 倍行距。

（3）分别插入图片"绿茶.jpg""红茶.jpg""乌龙茶.jpg"。设置图片文字环绕为"四周型"，图片"绿茶.jpg"和"红茶.jpg"图片样式为"柔化边缘椭圆"，图片"乌龙茶.jpg"图片样式为"梭台矩形"，图片"绿茶.jpg"缩放 88%，图片"乌龙茶.jpg"高度为 3.2 厘米、宽度为 5.7 厘米。

7. 第 4 页制作要求如下。

（1）插入自选图形"圆角矩形 1"。设置"圆角矩形 1"高度为 4.5 厘米，宽度为 9.6 厘米，形状填充颜色为 RGB（0，112，192），无轮廓颜色。

（2）插入自选图形"圆角矩形 2"，设置"圆角矩形 2"高度为 4.3 厘米，宽度为 9.6 厘米，形状填充颜色为 RGB（252，213，181），无轮廓颜色。

（3）将"圆角矩形 1"和"圆角矩形 2"分别旋转一定角度，叠加并组合。

（4）利用同样方法制作另外两个图形。第二个图形底层填充颜色为 RGB（204，102，0），第三个图形底层填充颜色为 RGB（0，176，240），上层图形填充颜色同上。

（5）插入三个文本框。文本框无形状填充和形状轮廓颜色，文本框中分别输入【样文 13-3】所示文本。设置"黄茶""黑茶""白茶"字体为黑体、字号为三号，其余文本字体为宋体、字号为小四。将三个文本框分别移到组合图形上，调整好大小和位置。

（6）插入图片"黄茶.jpg"。设置图片文字环绕为"浮于文字上方"，图片样式为"柔化边缘椭圆"。

（7）插入艺术字"茶叶的分类"。艺术字为第 1 行第 1 列样式，字体为方正舒体，字号为初号，文本填充颜色为白色，无文本轮廓颜色，文本字符间距加宽 10 磅。

【样文 13-1】

茶的功效

茶在英国被认为是：健康之液，灵魂之饮。在中国被誉为"国饮"。现代科学大量研究证实，茶叶确实含有与人体健康密切相关的生化成分，茶叶不仅具有提神清心、清热解暑、消食化痰、去腻减肥、清心除烦、解毒醒酒、生津止渴、降火明目、止痢除湿等药理作用，还对现代疾病，如心脑血管病、癌症等疾病，有一定的药理功效。可见，茶叶药理功效之多，作用之广，是其他饮料无可替代的。茶叶具有药理作用的主要成分是茶多酚、咖啡碱、脂多糖等。

茶的作用：

有助于延缓衰老。有助于美容护肤。

有助于抑制心脑血管疾病。有助于醒脑提神。

有助于防癌抗癌。有助于利尿解乏。

有助于降低辐射伤害。有助于降脂助消化。

有助于抑制和抵抗病毒菌。有助于护齿明目。

花茶：散发积聚在人体内的冬季寒邪、促进体内阳气生发，令人神清气爽。

绿茶：生津止渴，消食化痰，对口腔和轻度胃溃疡有加速愈合的作用。

青茶：润肤、润喉、生津、清除体内积热，让机体适应自然环境变化的作用。

红茶：生热暖腹，增强人体的抗寒能力，还可助消化，去油腻。

【样文 13-2】

绿茶：中国产量最多的一类茶叶，是不经过发酵的茶，即将鲜叶经过摊晾后直接下到一二百度的热锅里炒制，以保持其绿色的特点。绿茶具有香高、味醇、形美、耐冲泡等特点。其制作工艺都经过杀青一揉捻一干燥的过程。如龙井、碧螺春、黄山毛峰、六安瓜片、信阳毛尖茶等。

红茶：红茶与绿茶恰恰相反，是一种全发酵茶（发酵程度大于 80%）。红茶加工时不经杀青，而且萎凋，使鲜叶失去一部分水分，再揉捻，然后发酵，使所含的茶多酚氧化，变成红色的化合物。这种化合物一部分溶于水，一部分不溶于水，而积累在叶片中，从而形成红汤、红叶。如正山小种、金骏眉、银骏眉、坦洋工夫、祁门工夫、宁红等。

乌龙茶：乌龙茶也就是青茶，是一类介于红绿茶之间的半发酵茶，即制作时适当发酵，使叶片稍有红变，是介于绿茶与红茶之间的一种茶类。它既有绿茶的鲜爽，又有红茶的浓醇。因其叶片中间为绿色，叶缘呈红色，故有"绿叶红镶边"之称。如铁观音、黄金桂、武夷岩茶、凤凰单丛、台湾乌龙茶等。

【样文 13-3】

黄茶：黄茶在制茶过程中，经过闷堆渥黄，因而形成黄叶、黄汤。黄茶的制作与绿茶有相似之处，不同点是多一道闷堆工序。如君山银针、霍山黄芽、蒙山黄芽等。

黑茶：黑茶原料粗老，加工时堆积发酵时间较长，使叶色呈暗褐色。是藏、蒙、维吾尔等兄弟民族不可缺少的日常必需品。云南普洱茶和湖南的安化黑茶就是中国传统的经典黑茶。

白茶：白茶是我国的特产，它加工时不炒不揉，只将细嫩、叶背满茸毛的茶叶晒干或用文火烘干，而使白色茸毛完整地保留下来。如白毫银针、白牡丹、贡眉、寿眉等。

【效果图 13-4】

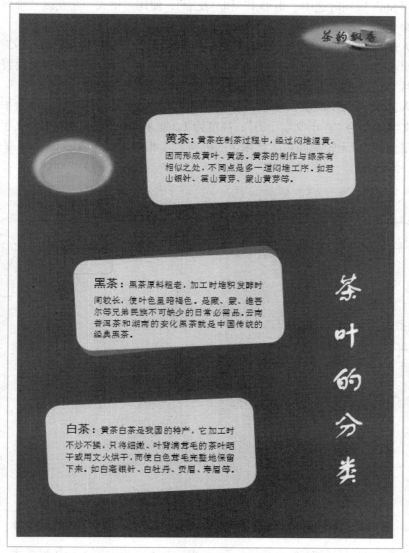

黄茶：黄茶在制茶过程中，经过闷堆渥黄，因而形成黄叶、黄汤。黄茶的制作与绿茶有相似之处，不同点是多一道闷堆工序。如君山银针、霍山黄芽、蒙山黄芽等。

黑茶：黑茶原料粗老，加工时堆积发酵时间较长，使叶色呈暗褐色。是藏、蒙、维吾尔等兄弟民族不可缺少的日常必需品。云南普洱茶和湖南的安化黑茶就是中国传统的经典黑茶。

白茶：黄茶白茶是我国的特产，它加工时不炒不揉，只将细嫩、叶背清背毛的茶叶晒干或用文火烘干，而使白色茸毛完整地保留下来。如白毫银针、白牡丹、贡眉、寿眉等。

实训十四

实训目的：综合实训四。

实训内容：制作手机宣传手册。

1. 封面制作。

（1）设置纸张大小为 B5，上、下、左、右页边距各 1 厘米，打印方向为"横向"。

（2）插入自选图形"矩形 1"。设置"矩形 1"文字环绕为"浮于文字上方"；高度为 16.2 厘米，宽度为 11.7 厘米，形状填充颜色为 RGB（255，204，255），无轮廓颜色；相对于页边距左对齐、顶端对齐。

（3）插入自选图形"自选图形/星与旗帜/波形"。使用"格式"功能区"排列"命令组中的"旋转/水平翻转"命令，使"波形"左右翻转。设置"波形"文字环绕为"浮于文字上方"；高度为 10.9 厘米，宽度为 11.8 厘米；形状填充为"图片/背景.jpg"；轮廓颜色为白色，粗细为 4.5 磅；相对于页边距左对齐、上下居中。

（4）利用 Shift 键同时选中"矩形 1"和"波形"，使用"格式"功能区"排列"命令组中的"组合"命令将"矩形 1"和"波形"组合，操作结果如图 14-1 所示。

（5）插入图片"cookies.jpg"。设置图片"cookies.jpg"文字环绕为"浮于文字上方"，缩放比例为 30%。选中图片，使用"格式"功能区"调整"命令组中的"颜色/设置透明色"命令，设置图片白色背景为透明。

（6）插入艺术字"酷奇思"。要求：艺术字库中第 1 行第 2 列样式，字体为华文新魏，字号为二号；文字环绕为"浮于文字上方"；高度为 1.2 厘米，宽度为 2.9 厘米；文字填充为"渐变/预设/红日西斜"；无轮廓颜色。艺术字"酷奇思"相对于"cookies.jpg"水平居中，操作结果如图 14-2 所示。

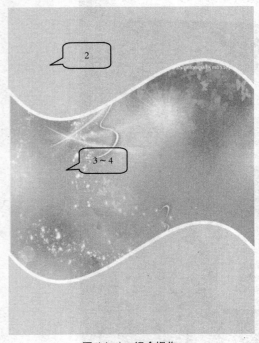

图 14-1　组合操作　　　　　　　图 14-2　插入艺术字

（7）插入艺术字"品位时尚.真我手机"。要求：艺术字库中第 1 行 2 列样式，字体为华文新魏，字号为三号；文字环绕为"浮于文字上方"；高度为 1.2 厘米，宽度为 5.4 厘米；文字填充为"填充效果/渐变/预设/金乌坠地"；无轮廓颜色。

（8）插入自选图形"椭圆"。设置"椭圆"文字环绕为"浮于文字上方"；高度为 0.1 厘米，宽度为 5 厘米；形状填充为"渐变/预设/麦浪滚滚"；无形状轮廓颜色。艺术字"品位时尚.真我手机"相对于"椭圆"水平居中。操作结果如图 14-3 所示。

（9）插入图片"712-黑-正.jpg""712-红.jpg""712-金.jpg"。设置 3 张图片文字环绕为"浮于文字上方"；"712-黑-正.jpg"缩放比例为 30%，"712-红.jpg"和"712-金.jpg"缩放比例为 15%。分别选中 3 张图片，使用"格式"功能区"调整"命令组中的"颜色/设置透明色"命令，设置 3 张图片白色背景为透明。

（10）利用 Shift 键同时选中 3 张图片，使用"格式"功能区"排列"命令组中的"对齐"命令，使 3 张图片顶端对齐、横向分布。操作结果如图 14-4 所示。

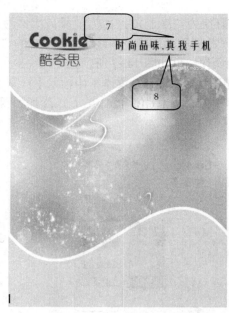

图 14-3　插入艺术字

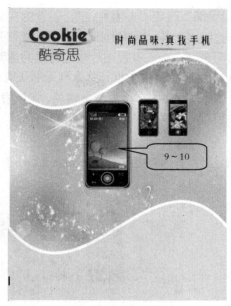

图 14-4　插入手机图片

（11）插入自选图形"自选图形/星与旗帜/爆炸形 2"。设置"爆炸形 2"文字环绕为"浮于文字上方"；高度为 3.6 厘米，宽度为 4.7 厘米；填充颜色为"渐变/双色"，颜色 1 为 RGB（255，0，0），颜色 2 为 RGB（255，204，255）；无轮廓颜色。操作结果如图 14-5 所示。

（12）插入横排文本框，文本框无形状填充和形状轮廓颜色。文本框中输入两行文本"时尚新生活/快乐原动力"，设置文本字体为楷体，加粗、倾斜，颜色为 RGB（128，0，0）。文本"时尚"和"快乐"字号为小二，其余文本字号为四号。将文本框移到"爆炸形 2"之上，相对于"爆炸形 2"左右居中、上下居中。操作结果如图 14-6 所示。

图 14-5　插入自选图形

图 14-6　输入文字

（13）插入图片"人物1.jpg"。设置图片文字环绕为"浮于文字上方"；缩放比例为20%；相对页边距左对齐、底端对齐。选中图片，使用"格式"功能区"调整"命令组中的"颜色/设置透明色"命令，设置图片白色背景为透明。操作结果如图14-7所示。

（14）插入横排文本框，文本框无形状填充和形状轮廓颜色。文本框中输入【样文14-1】所示文本，设置文本字体为华文细黑，字号为五号，颜色为RGB（128，0，0），添加如图14-8所示项目符号。操作结果如图14-8所示。

图14-7　插入人物

图14-8　操作结果

（15）插入自选图形"椭圆"。设置"椭圆"文字环绕为"浮于文字上方"；高度为0.05厘米，宽度为6厘米；形状填充为"渐变/预设/金色年华"；无形状轮廓颜色。将"椭圆"移到第一行文本下方，然后将"椭圆"复制三份，分别移到另外三行文本下方。操作结果如图14-9所示。

（16）插入自选图形"矩形2"。设置"矩形2"文字环绕为"浮于文字上方"；高度为2.4厘米，宽度为0.05厘米；形状填充颜色为RGB（128，0，0）；无形状轮廓颜色；粗细为1磅。操作结果如图14-10所示。

图14-9　文字下面加入自选图形

图14-10　文字左侧加入自选图形

2. 封底制作。

（1）插入自选图形"矩形 3"。设置"矩形 3"文字环绕为"浮于文字上方"；高度为 16.2 厘米，宽度为 11.8 厘米；形状填充为 RGB（255，204，255）；无轮廓颜色；相对于页边距右对齐、顶端对齐。

（2）插入艺术字"炫酷全能王 Cookes"。要求：艺术字库中第 1 行第 2 列样式，字体为华文新魏，字号为小一；文字环绕为"浮于文字上方"；高度为 1.5 厘米，宽度为 9.9 厘米；文本填充为"渐变/预设/红日西斜"；无形状轮廓颜色。

（3）插入自选图形"矩形 4"。设置"矩形 4"文字环绕为"浮于文字上方"；高度为 0.1 厘米，宽度为 9.2 厘米；填充颜色为 RGB（128，0，0）；无形状轮廓颜色。操作结果如图 14-11 所示。

（4）插入自选图形"矩形 5"。设置"矩形 5"文字环绕为"浮于文字上方"；高度为 3 厘米，宽度为 11 厘米；形状填充为"渐变/双色"，颜色 1 为 RGB（0，0，0），颜色 2 为 RGB（255，204，255）；无形状轮廓颜色。

（5）插入图片"712-黑-正.jpg""723-金.jpg""122-金.jpg"。设置图片文字环绕为"浮于文字上方"；图片缩放比例依次为 17%、18%、10%。选中 3 张图片，使用"格式"功能区"调整"命令组中的"颜色/设置透明色"命令，设置图片白色背景为透明。

（6）利用 Shift 键同时选中 3 张图片，使用"格式"功能区"排列"命令组中的"对齐"命令，使 3 张图片顶端对齐、横向分布。操作结果如图 14-12 所示。

图 14-11 插入艺术字作为标题

图 14-12 插入手机图片

（7）插入竖排文本框，文本框无形状填充和形状轮廓颜色。输入【样文 14-2】所示文本，设置文本字体为宋体，字号为五号，颜色为 RGB（128，0，0），添加如图 14-13 所示项目符号，文本框相对于"矩形 3"水平居中。操作结果如图 14-13 所示。

（8）插入图片"cookies.jpg"。设置图片文字环绕为"浮于文字上方"；缩放比例为30%；相对于"矩形3"水平居中。选中图片，使用"格式"功能区"调整"命令组中的"颜色/设置透明色"命令，设置图片白色背景为透明。

（9）插入自选图形"直线"。设置"直线"文字环绕为"浮于文字上方"；高度为0厘米，宽度为8.5厘米；线条颜色为RGB（128，0，0），粗细为1磅；相对于"矩形3"水平居中。操作结果如图14-14所示。

图14-13 插入文字

图14-14 插入直线

（10）插入横排文本框，文本框无形状填充和形状轮廓颜色。输入【样文14-3】所示文本，设置文本字体为宋体，字号为五号，颜色为RGB（128，0，0）。操作结果如图14-15所示。

（11）插入自选图形"直角三角形1"。设置"直角三角形1"文字环绕为"浮于文字上方"；高度为1.5厘米，宽度为3.5厘米；形状填充和形状轮廓颜色为RGB（153，51，0）；相对于页边距底端对齐、左对齐。

（12）插入自选图形"直角三角形2"。使用"格式"功能区"排列"命令组中的"旋转/水平翻转"命令，使"直角三角形2"左右翻转。设置"直角三角形2"文字环绕为"浮于文字上方"；高度为1.5厘米，宽度为8.3厘米；形状填充和形状轮廓颜色为RGB（153，51，0）；相对于页边距底端对齐、右对齐。操作结果如图14-16所示。

图 14-15　输入文字　　　　　　　图 14-16　插入两个三角形

【样文 14-1】

液晶面板，耐磨，抗冲击，不变色/韩国现代机芯，品质出众

典型外观设计，时尚，高贵，大气/超长待机，工作效率高，出行方便

【样文 14-2】

完美外观设计

优质电芯电力持久

手写键盘双输入

感应式屏幕

语言控制区功能

双卡双待

蓝牙功能

无线上网

超大扩展存储空间

高清晰摄像照相

支持 MP3/MP4

立体声环绕设备

大容量电话本

全球定位

【样文 14-3】

中国酷奇思通讯技术科技公司

ZHONGGUO COOKIE TONGXUNJISHUKEJI GONGSI

地址：北京市朝阳区王府井大街88号

电话：010-12345678 传真：010-12345678

网址：http://www.cookie.com.cn

（13）封面和封底制作效果如图 14-17 所示。

图 14-17　封面和封底效果

3．内页制作。

（1）将光标移到第 2 页，插入自选图形"矩形 6"。设置"矩形 6"高度为 16.2 厘米，宽度为 23.7 厘米；形状填充颜色为 RGB（204，236，255），无形状轮廓颜色；相对于页边距水平居中、垂直居中。

（2）插入自选图形"矩形 7"。设置"矩形 7"文字环绕为"浮于文字上方"；高度为 0.6 厘米，宽度为 23.7 厘米；形状填充颜色为 RGB（153，51，0），无形状轮廓颜色；相对于"矩形 6"水平对齐、顶端对齐。

（3）插入 4 行 4 列表格。表格第 1 列和第 3 列分别插入 8 张图片，设置 8 张图片高度为 1.01 厘米，宽度为 1.04 厘米。分别选中 8 张图片，使用"格式"功能区"调整"命令组中的"颜色/设置透明色"命令，设置图片白色背景为透明。表格第 2 列和第 3 列分别输入【样文 14-4】所示文本，设置文本字体为宋体，字号为五号，颜色为 RGB（128，0，0）。设置表格边框线为单线，颜色为 RGB（128，0，0）。操作结果如图 14-18 所示。

（4）插入 3 张图片"712-金.jpg""712-黑-正.jpg"和"712-红.jpg"。设置图片文字环绕为"浮于文字上方"；图片缩放比例为 18%；"712-金.jpg"旋转负 24 度，"712-红.jpg"旋转 24°。分别选中 3 张图片，使用"格式"功能区"调整"命令组中的"颜色/设置透明色"命令，设置图片白色背景为透明。操作结果如图 14-19 所示。

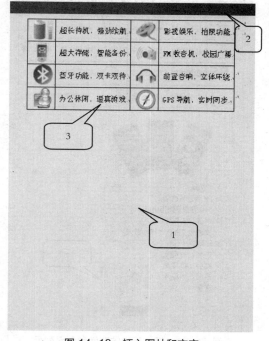

图 14-18　插入图片和文字

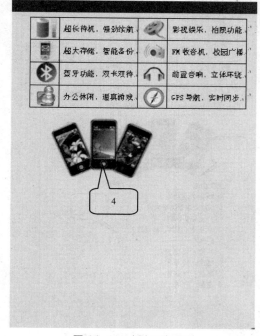

图 14-19　插入手机图片

（5）插入横排文本框，文本框无形状填充和形状轮廓颜色。文本框中输入【样文 14-5】所示文本，设置文本字体为宋体，字号为五号，颜色为 RGB（128，0，0）。

（6）插入二个自选图形"直线"。设置"直线"文字环绕为"浮于文字上方"；高度为 0 厘米，宽度为 3.2 厘米；线条颜色 RGB（128，0，0），虚实为"方点"，粗细为 1 磅。操作结果如图 14-20 所示。

（7）插入两张图片"712-黑-反.jpg""712-黑-侧.jpg"。设置图片文字环绕为"浮于文字上方"；图片缩放比例为 18%。分别选中两张图片，使用"格式"功能区"调整"命令组中的"颜色/设置透明色"命令，设置图片白色背景为透明。

（8）利用 Shift 键同时选中两张图片，使用"格式"功能区"排列"命令组中的"对齐"命令，使二张图片底端对齐。操作结果如图 14-21 所示。

（9）插入图片"人物 2.jpg"。设置图片文字环绕为"浮于文字上方"；缩放比例为 27%。选中图片，使用"格式"功能区"调整"命令组中的"颜色/设置透明色"命令，设置图片白色背景为透明。操作结果如图 14-22 所示。

（10）插入自选图形"直角三角形 3"。设置"直角三角形 3"文字环绕为"浮于文字上方"；高度为 1.5 厘米，宽度为 8 厘米；形状填充和轮廓颜色为 RGB（153，51，0）；相对于"矩形 6"左对齐、底端对齐。操作结果如图 14-23 所示。

（11）插入 3 张图片"723-灰.jpg""723-金.jpg""723-紫.jpg"。设置图片文字环绕为"浮于文字上方"；图片缩放比例为 18%。分别选中 3 张图片，使用"格式"功能区"调整"命令组中的"颜色/设置透明色"命令，设置图片白色背景为透明。

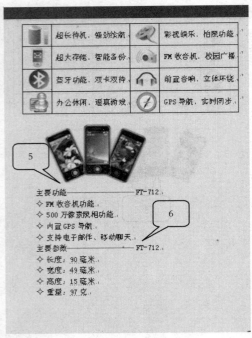

图 14-20　插入文字

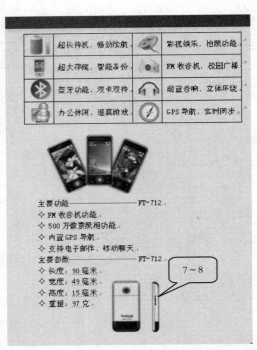

图 14-21　插入手机的背面和侧面图片

图 14-22　插入人物

图 14-23　插入三角形

（12）利用 Shift 键同时选中 3 张图片，使用"格式"功能区"排列"命令组中的"对齐"命令，使 3 张图片底端对齐、横向分布。

（13）插入 3 个横排文本框，文本框无形状填充和形状轮廓颜色。文本框中分别输入文本"炫酷灰/时尚金/魅力黑"，设置文本字体为宋体，字号为五号，颜色为 RGB（128，0，0）。

操作结果如图 14-24 所示。

（14）插入自选图形"直线"。设置"直线"文字环绕为"浮于文字上方"；高度为 0 厘米，宽度为 8 厘米；线条颜色为 RGB（128，0，0），虚实为"方点"，粗细为 1 磅。操作结果如图 14-25 所示。

（15）插入横排文本框，文本框无形状填充和形状轮廓颜色。文本框中输入【样文 14-6】所示文本，设置文本字体为宋体，字号为五号，颜色为 RGB（128，0，0）。

（16）插入二个自选图形"直线"。设置"直线"文字环绕为"浮于文字上方"；高度为 0 厘米，宽度为 3.2 厘米；线条颜色为 RGB（128，0，0），虚实为"方点"，粗细为 1 磅。操作结果如图 14-25 所示。

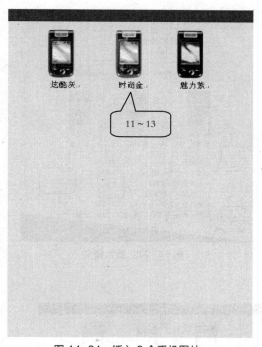

图 14-24　插入 3 个手机图片　　　　　　图 14-25　插入样文

（17）插入 3 张图片"122-红.jpg""122-蓝.jpg""122-金.jpg"。设置图片文字环绕为"浮于文字上方"；图片缩放比例为 10%。分别选中 3 张图片，使用"格式"功能区"调整"命令组中的"颜色/设置透明色"命令，设置图片白色背景为透明。

（18）利用 Shift 键同时选中三张图片，使用"格式"功能区"排列"命令组中的"对齐"命令，使 3 张图片底端对齐、横向分布。

（19）插入 3 个横排文本框，文本框无形状填充和形状轮廓颜色。文本框中分别输入文本"玫瑰红/宝石蓝/富贵金"，设置文本字体为宋体，字号为五号，颜色为 RGB（128，0，0）。操作结果如图 14-26 所示。

（20）插入自选图形"直线"。设置文字环绕为"浮于文字上方"；高度为 0 厘米，宽度为 8 厘米；形状轮廓颜色为 RGB（128，0，0），虚实为"方点"，粗细为 1 磅。

（21）插入横排文本框，文本框无形状填充和形状轮廓颜色。文本框中输入【样文 14-7】所示文本，设置文本字体为宋体，字号为五号，颜色为 RGB（128，0，0）。

（22）插入二个自选图形"直线"。设置文字环绕为"浮于文字上方"；高度为 0 厘米，宽度为 3.2 厘米；形状轮廓颜色 RGB（128，0，0），虚实为"方点"，粗细为 1 磅。

（23）插入自选图形"直角三角形 4"。使用"格式"功能区的"排列"命令组中的"旋转/水平翻转"命令，使"直角三角形 4"左右翻转。设置"直角三角形 4"文字环绕为"浮于文字上方"；高度为 1.5 厘米，宽度为 12 厘米；形状填充和形状轮廓颜色为 RGB（153，51，0）；相对于页边距右对齐、底端对齐。操作结果如图 14-27 所示。

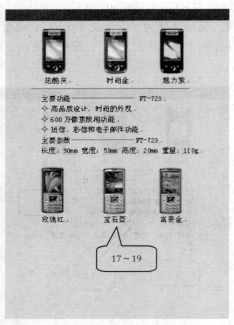

图 14-26　插入 3 个手机图片

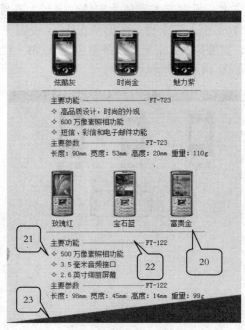

图 14-27　插入样文

（24）内页制作效果如图 14-28 所示。

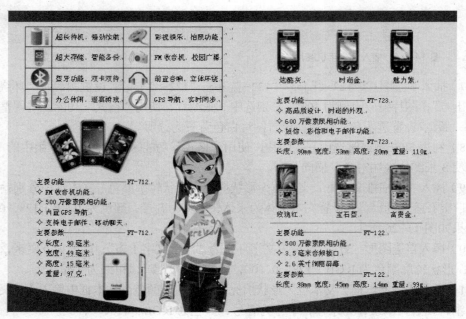

图 14-28　内页制作效果

（25）将文档以文件名"手机宣传手册.docx"保存。

【样文 14-4】

超长待机，强劲续航　　　　影视娱乐，拍照功能

超大存储，智能备份　　　　FM 收音机，校园广播

蓝牙功能，双卡双待　　　　前置音响，立体环绕

办公休闲，逼真游戏　　　　GPS 导航，实时同步

【样文 14-5】

主要功能　　　　　　　　　FT-712

FM 收音机功能

500 万像素照相功能

内置 GPS 导航

支持电子邮件、移动聊天

主要参数　　　　　　　　　FT-712

长度：90 毫米

宽度：49 毫米

高度：15 毫米

重量：97 克

【样文 14-6】

主要功能　　　　　　　　　FT-723

高品质设计，时尚的外观

600 万像素照相功能

短信、彩信和电子邮件功能

主要参数　　　　　　　　　FT-723

长度：90mm　宽度：53mm　高度：20mm　重量：110g

【样文 14-7】

主要功能　　　　　　　　　FT-122

500 万像素照相功能

3.5 毫米音频接口

2.6 英寸绚丽屏幕

主要参数　　　　　　　　　FT-122

长度：98mm　宽度：45mm　高度：14mm　重量：99g

Chapter 5 第五章
电子表格处理软件应用

一、单项选择题

1. 在软件系统中，电子表格处理软件 Excel 2010 属于（　　）。
   A. 应用软件　　　　B. 文字处理软件　　　C. 系统软件　　　　　D. 数据库管理系统

2. Excel 2010 的三个重要概念是（　　）。
   A. 工作簿、工作表和单元格　　　　　　B. 行、列和单元格
   C. 表格、工作表和工作簿　　　　　　　D. 桌面、文件夹和文件

3. 退出 Excel 2010，可以使用的组合键是（　　）。
   A. Alt+F4　　　　B. Ctrl+F4　　　　　C. Alt+F5　　　　　D. Ctrl+F5

4. Excel 2010 中，电子表格存储数据的最小单位是（　　）。
   A. 工作簿　　　　B. 工作表　　　　　C. 单元格　　　　　D. 工作区域

5. 保存 Excel 工作簿的过程中，工作簿默认的保存类型是（　　）。
   A. .html　　　　B. .xlsx　　　　　C. .docx　　　　　D. .wps

6. Excel 2010 中，关于"保存"和"另存为"命令，说法错误的是（　　）。
   A. "保存"命令是以原文件名将当前内容存盘
   B. "另存为"命令可以用另外的文件名和文件类型存盘
   C. 使用"另存为"命令后，原文件不再存在
   D. 对于新建工作簿，两个命令都按"另存为"命令操作

7. Excel 2010 中，如果一个工作簿含有若干张工作表，则"保存"时（　　）。
   A. 所有工作表保存为一个磁盘文件
   B. 有多少张工作表就保存为多少个磁盘文件
   C. 工作表不超过三个时保存为一个磁盘文件，否则保存为多个磁盘文件
   D. 由用户指定保存为一个或多个磁盘文件

8. Excel 2010 中，当单元格被选中成为活动单元格时，其周围有（　　）。
   A. 黑框　　　　B. 虚框　　　　　C. 双线框　　　　　D. 波纹框

9. Excel 2010 中，关于在单元格中输入数据的说法，正确的是（　　）。
   A. 一个单元格最多可输入 255 个非数字项的字符
   B. 如输入的数值型数据超过单元格宽度，Excel 会自动以科学计数法表示
   C. 对于数值型数据，最多只能有 15 个数字位
   D. 输入的文本型数据超过单元格宽度，Excel 出现错误提示

10. Excel 2010 中，一个 Excel 文件就是（　　）。
    A. 一张工作表　　　　　　　　　　　B. 一张工作表和一个统计表

C. 一个工作簿　　　　　　　　　　　　D. 若干个工作簿

11. Excel 2010 中，工作表左上角行号和列标交叉处按钮的作用是（　　　）。

  A. 选中行号　　　B. 选中列号　　　　C. 选中整个工作表　D. 无任何作用

12. Excel 2010 中，关于单元格的说法，不正确的是（　　　）。

  A. 它是存储数据的最小单位　　　　　B. 它有一个唯一的地址

  C. 工作表最多包含 94304 个单元格　　D. 很多操作要先选定单元格

13. Excel 2010 中，工作表中活动单元格的个数（　　　）。

  A. 有两个　　　　　　　　　　　　　B. 有且仅有一个

  C. 可以有一个以上　　　　　　　　　D. 至少有一个

14. 在 A1 和 A2 单元格中分别输入 1 和 2，选定 A1：A2 单元格区域并拖动该区域右下角的填充句柄至 A10，问 A6 单元格中的数据为（　　　）。

  A. 2　　　　　　B. 1　　　　　　　　C. 6　　　　　　　　D. 10

15. Excel 2010 中，如果要把数字当作文本而不是数值输入，应当（　　　）。

  A. 在数字前加"　　　　　　　　　　B. 在数字前加'

  C. 在数字前后加""　　　　　　　　　D. 在数字前后加''

16. Excel 2010 中，关于工作簿和工作表的说法，正确的是（　　　）。

  A. 每个工作簿只能包含 3 张工作表

  B. 只能在同一工作簿内进行工作表的移动和复制

  C. 图表必须和其数据源在同一张工作表中

  D. 正在操作的工作表称为"活动工作表"

17. Excel 2010 中，每个单元格都有固定的地址，如 A5 表示（　　　）。

  A. A 代表第 A 列，5 代表第 5 行　　B. A 代表第 A 行，5 代表第 5 列

  C. A5 代表单元格中的数据　　　　　D. 以上都不是

18. Excel 2010 中，单元格区域 B3：E7 包括单元格的个数是（　　　）。

  A. 3　　　　　　B. 7　　　　　　　　C. 20　　　　　　　D. 21

19. 标识一个由 4 个单元格 C3、C11、N3、N11 为顶点的区域，正确的写法是（　　　）。

  A. C3：C11，N3：N11　　　　　　　B. C3：N3

  C. C3：C11　　　　　　　　　　　　D. C3：N11

20. Excel 2010 中，删除单元格是指（　　　）。

  A. 将选定的单元格删除　　　　　　　B. 将单元格中的内容删除

  C. 将单元格所在列删除　　　　　　　D. 将单元格的格式清除

21. Excel 2010 中，在单元格中输入公式时，错误的是（　　　）。

  A. =(15−A1)/3　　B. = A2/C1　　　C. SUM(A2:A4)/2　　D. =A2+A3+D4

22. Excel 2010 中，默认显示格式为左对齐的数据是（　　　）。

  A. 数值型数据　　B. 字符型数据　　　C. 逻辑型数据　　　D. 不确定

23. Excel 2010 中，工作表中插入列时，新插入的列在选定列的（　　　）。

  A. 左边　　　　　B. 右边　　　　　　C. 当前工作表首列　D. 不确定

24. Excel 2010 中，使用填充柄进行数据填充时，鼠标的形状为（　　　）。

  A. 空心粗十字　　B. 向左上方箭头　　C. 实心细十字　　　D. 向右上方箭头

25. Excel 2010 中，可以使用鼠标拖动（　　　）来调整单元格的列宽。
    A. 列标左边的边框线　　　　　　　　B. 列标右边的边框线
    C. 行号上面的边框线　　　　　　　　D. 行号下面的边框线

26. 要在 B3 到 B12 单元格中输入"一公司"到"十公司"，最好的方法是（　　　）。
    A. 直接输入　　　　　　　　　　　　B. 使用填充柄自动输入
    C. 使用有效数列　　　　　　　　　　D. 执行"复制/粘贴"命令

27. Excel 2010 中，设置单元格格式的含义是（　　　）。
    A. 设置单元格的宽度　　　　　　　　B. 设置单元格的高度
    C. 设置单元格的地址　　　　　　　　D. 设置单元格数据的格式

28. Excel 2010 中，输入系统当前日期可以按组合键（　　　）。
    A. Ctrl+;　　　　B. Shift+;　　　　C. Shift+:　　　　D. Ctrl+Shift

29. Excel 2010 中，输入系统当前时间可以按组合键（　　　）。
    A. Ctrl+;　　　　B. Shift+;　　　　C. Ctrl+Shift+:　　　　D. Ctrl+Alt+:

30. Excel 2010 中，在单元格内直接输入"45-8"，默认情况下认为是（　　　）。
    A. 45 减 8　　　　　　　　　　　　　B. 字符串"45-8"
    C. 日期 2045 年 8 月　　　　　　　　D. 日期 1945 年 8 月

31. Excel 2010 中，单元格内输入"=99-11-28"，则该单元格显示（　　　）。
    A. =99-11-28　　　　　　　　　　　B. 1999 年 11 月 28 日
    C. 60　　　　　　　　　　　　　　　D. 99-11-28

32. Excel 2010 中，1999 年 8 月 16 日与 2001 年 8 月 16 日比，较大的是（　　　）。
    A. 前者　　　　B. 后者　　　　C. 不能比较　　　　D. 不确定

33. Excel 2010 中，若要使表格的标题居中，应该（　　　）。
    A. 把标题输入在表格中间　　　　　　B. 使用"居中"命令
    C. 单击"合并及居中"按钮　　　　　　D. 以上都不对

34. 复制一个工作表，可以用鼠标拖动该工作表标签到目标位置的同时按住（　　　）。
    A. Ctrl　　　　B. Shift　　　　C. Alt　　　　D. Esc

35. Excel 2010 中，默认的工作表名称为（　　　）。
    A. Sheet1 Sheet2 Sheet3　　　　　　B. Sheet Sheet1 Sheet2
    C. Shift1 Shift2 Shift3　　　　　　　D. Book1 Book2 Book3

36. Excel 2010 中，移动数据图表的方法是（　　　）。
    A. 用鼠标右键拖动图表　　　　　　　B. 用鼠标拖动图表控制点
    C. 用鼠标拖动图表边框　　　　　　　D. 用鼠标拖动图表空白处

37. Excel 2010 中，要重命名工作表，方法是（　　　）。
    A. 右键单击标签，选择"重命名"命令　B. 在工作表标签上双击
    C. A 和 B 皆对　　　　　　　　　　　D. A 和 B 皆错

38. Excel 2010 中，"设置单元格格式"对话框中不存在的选项卡是（　　　）。
    A. "数字"选项卡　　　　　　　　　　B. "对齐"选项卡
    C. "字体"选项卡　　　　　　　　　　D. "货币"选项卡

39. Excel 2010 中，计算平均值的函数是（　　　）。
    A. Sum　　　　B. Average　　　　C. Count　　　　D. Countif

40. Excel 2010 中，要对表格进行分类汇总，首先进行的操作是（   ）。

    A. 排序　　　　　　B. 筛选　　　　　　C. 分类　　　　　　D. 汇总

41. Excel 2010 中，若在单元格中出现一连串的"###"符号，说明需要（   ）。

    A. 重新输入数据　B. 调整单元格的宽度　C. 删除这些符号　　D. 删除该单元格

42. 如果单元格 A5 是单元格 A1、A2、A3、A4 的平均值，则不正确的公式是（   ）。

    A. =AVERAGE（A1:A4）　　　　　B. =AVERAGE（A1,A2,A3,A4）

    C. =（A1+A2+A3+A4）/4　　　　　D. =AVERAGE（A1+A2+A3+A4）

43. Excel 2010 中，要在单元格中分行，应按（   ）键。

    A. Alt+Shift　　　B. Ctrl+Enter　　　C. Alt+Ctrl　　　　D. Alt+Enter

44. Excel 2010 中，创建公式的操作步骤是（   ）。

    ①在编辑栏键入"="　　　　　　　　③按 Enter 键

    ②键入公式　　　　　　　　　　　　④选择需要建立公式的单元格

    A. ④③①②　　　B. ④①②③　　　C. ④①③②　　　D. ①②③④

45. Excel 2010 中，将不满足条件的数据隐藏起来，应使用（   ）操作。

    A. 排序　　　　　　B. 筛选　　　　　　C. 替换　　　　　　D. 求和

46. 在单元格内输入字符串"ABCD"，将填充柄向下拖 4 个单元格，结果是（   ）。

    A. 选取这 5 个单元格组成的区域

    B. 把"ABCD"复制到这 4 个单元格

    C. 把"ABCD"移动到这 4 个单元格

    D. 把"ABCD"复制到最后 1 个单元格

47. Excel 2010 中，有关移动和复制工作表的说法，正确的是（   ）。

    A. 工作表只能在工作簿内移动，不能复制

    B. 工作表只能在工作簿内复制，不能移动

    C. 工作表只能移动到其他工作簿，不能复制到其他工作簿

    D. 工作表既可以移动到其他工作簿，也可以复制到其他工作簿

48. Excel 2010 中，下列关于使用公式的说法，错误的是（   ）。

    A. 公式由运算符、常量、单元格地址、函数等组成

    B. 输入公式时，必须以"="开头

    C. 公式不能用菜单命令复制，只能用拖动填充柄的方法复制

    D. 公式中用到的内置函数，可以使用"插入函数"按钮创建

49. Excel 2010 中，"排序"对话框有三个关键字输入框，其中（   ）。

    A. 三个关键字都必须指定

    B. 三个关键字可任意指一个

    C. 主要关键字必须指定

    D. 主要关键字和次要关键字必须指定

50. Excel 2010 中，关于数据筛选的描述，错误的是（   ）。

    A. 筛选的作用是将不满足条件的数据隐藏

    B. 常用的筛选方法分为自动筛选和高级筛选

    C. 自动筛选是按照简单的比较条件来快速筛选数据

    D. 筛选与排序的功能完全相同

二、多项选择题

1. Excel 2010 中，单元格中输入数据后，按（　　）键数据才能被接收。

    A. Enter　　　　　　B. Tab　　　　　　　C. Ctrl　　　　　　　D. 光标

2. Excel 2010 中，数据的类型有（　　）。

    A. 文本　　　　　　B. 数值　　　　　　C. 图像　　　　　　D. 日期和时间

3. Excel 2010 中，工作表的管理包括（　　）。

    A. 插入　　　　　　B. 复制　　　　　　C. 隐藏　　　　　　D. 删除

4. Excel 2010 中，公式由（　　）构成。

    A. 函数　　　　　　B. 运算符　　　　　C. 常量　　　　　　D. 等号

5. Excel 2010 中，单元格的内容显示在（　　）中。

    A. 标题栏　　　　　B. 单元格　　　　　C. 名称框　　　　　D. 编辑栏

6. Excel 2010 中，关于"填充柄"的说法，正确的是（　　）。

    A. 它位于活动单元格的右下角　　　　　B. 它的形状是"十"状

    C. 它的形状是"■"状　　　　　　　　D. 可以将单元格内容复制到其他单元格

7. Excel 2010 中，下列说法不正确的是（　　）。

    A. 工作表中的数据，不可以修改但可以删除

    B. 工作表中的数据，可以修改但不可以删除

    C. 工作表中的数据，可以添加但不可以删除

    D. 工作表中的数据，既可以添加也可以修改

8. Excel 2010 中，工作表的视图方式有（　　）。

    A. 普通　　　　　　B. 分页预览　　　　C. 页面布局　　　　D. 草稿

9. Excel 2010 中，右键单击一个工作表标签后，可以（　　）。

    A. 插入工作表　　　B. 重命名工作表　　C. 打印工作表　　　D. 删除工作表

10. Excel 2010 中，"页面设置"对话框中可以设置（　　）。

    A. 纸张大小　　　　B. 每页字数　　　　C. 页边距　　　　　D. 页眉/页脚

11. Excel 2010 中，公式对单元格的引用有（　　）。

    A. 绝对引用　　　　B. 相对引用　　　　C. 混合引用　　　　D. 相互引用

12. Excel 2010 中，函数由（　　）组成。

    A. 等号　　　　　　B. 函数名　　　　　C. 括号　　　　　　D. 参数

13. Excel 2010 中，求 A2 至 A4 三个单元格数据的和，应使用公式（　　）。

    A. =A2+A3+A4　　　　　　　　　　B. =SUM(A2，A4)

    C. =SUM(A2：A4)　　　　　　　　　D. =SUM(A2，A3，A4)

14. Excel 2010 中，分类汇总的方式有（　　）。

    A. 求和　　　　　　B. 求平均值　　　　C. 求最大值　　　　D. 求最小值

15. Excel 2010 中，取消工作表的自动筛选后，不可能出现（　　）。

    A. 工作表的数据消失　　　　　　　　B. 工作表恢复原样

    C. 只剩下符合筛选条件的记录　　　　D. 不能取消自动筛选

16. Excel 2010 中，可以使用"撤销"按钮来恢复的操作有（　　）。

    A. 插入工作表　　B. 删除工作表　　　C. 删除单元格　　　D. 插入单元格

17. Excel 2010 中，以下属于算术运算符的是（　　　）。
    A.　/　　　　　　　　B.　%　　　　　　　　C.　^　　　　　　　　D.　<>

18. Excel 2010 中，进行查找替换操作时，搜索区域可以指定为（　　　）。
    A.　整个工作簿　　　　　　　　　　B.　选定工作表
    C.　当前选定单元格区域　　　　　　D.　以上全部正确

19. 默认情况下，字符型数据和数值型数据自动以（　　　）和（　　　）的方式对齐。
    A.　左对齐　　　　　B.　右对齐　　　　　C.　中间对齐　　　　　D.　视情况而定

20. 属于"设置单元格格式"对话框"数字"选项卡中内容的选项有（　　　）。
    A.　字体　　　　　　B.　货币　　　　　　C.　日期　　　　　　D.　自定义

21. Excel 2010 中，数据排序的"选项"对话框包括（　　　）。
    A.　排序方法　　　　B.　排序次序　　　　C.　排序方向　　　　D.　区分大小写

22. 要在学生成绩表中找出语文成绩在 85 分以上的同学，可以通过（　　　）。
    A.　自动筛选　　　　B.　自定义筛选　　　　C.　高级筛选　　　　D.　条件格式

23. Excel 2010 中，数据图表的类型有（　　　）。
    A.　饼图　　　　　　B.　XY 散点图　　　　C.　曲面图　　　　　D.　圆环图

24. Excel 2010 中，下面关于函数的说法，正确的有（　　　）。
    A.　函数就是预定义的内置公式
    B.　SUM（　　）是求最大值函数
    C.　AVERAGE（　　）是求平均值函数
    D.　MIN（　　）是求最小值函数

25. Excel 2010 中，选定 B2：E6 单元格区域，应先选定 B2 单元格，然后（　　　）。
    A.　按住鼠标左键，拖动到 E6 单元格
    B.　按住 Shift 键，再按向下、向右光标键，直到 E6 单元格
    C.　按住鼠标右键，拖动到 E6 单元格
    D.　按住 Shift 键，单击 E6 单元格

26. Excel 2010 中，关于在单元格中输入数据的说法，正确的有（　　　）。
    A.　输入的文本由数字与中西文文字组合构成时，可直接输入
    B.　输入的文本需要在单元格中换行时，需要按 Alt+Enter 键
    C.　输入分数时，需要先输入 0 和一个半角空格再输入分数
    D.　输入的文本完全由数字构成时，需要先输入一个双引号

27. Excel 2010 中，关于数据图表的说法，正确的有（　　　）。
    A.　"图表"命令在"插入"功能区　　　B.　删除图表对数据表没有影响
    C.　图表有二维图表和三维图表　　　　D.　删除数据表对图表没有影响

28. Excel 2010 中，输入身份证号码的方法有（　　　）。
    A.　直接输入身份证号码
    B.　先输入单引号，再输入身份证号码
    C.　先输入冒号，再输入身份证号码
    D.　先将单元格格式转换成文本，再输入身份证号码

29. Excel 2010 中，有关表格排序的说法，不正确的有（　　　）。
    A.　只有数值型数据可以作为排序的依据

    B. 只有日期型数据可以作为排序的依据

    C. 笔画和拼音不能作为排序的依据

    D. 排序规则分为升序和降序

30. Excel 2010 中，修改已创建图表的类型，方法有（　　　）。

    A. 执行"设计"功能区下的"更改图表类型"命令

    B. 执行"布局"功能区下的"更改图表类型"命令

    C. 执行"格式"功能区下的"更改图表类型"命令

    D. 右键单击图表，执行快捷菜单中的"更改图表类型"命令

三、判断题

（　　　）1. Excel 2010 中，保存已有工作簿，必须指定工作簿的位置及文件名。

（　　　）2. Excel 2010 中，插入单元格后，原有单元格的位置不会发生变化。

（　　　）3. Excel 2010 中，工作簿中的每张工作表都可以作为文件分别保存。

（　　　）4. 活动单元格中显示的内容与编辑栏中显示的内容完全相同。

（　　　）5. Excel 2010 中，有规律的数据不需逐个输入，可利用填充柄快速输入。

（　　　）6. Excel 2010 中，单击快速访问工具栏中的"新建"按钮，可以打开一个已有的工作簿。

（　　　）7. Excel 2010 中，对数据进行排序时，只能按关键字段升序排序。

（　　　）8. Excel 2010 中，单元格与单元格内的数据是相互独立的。

（　　　）9. Excel 2010 中，单元格中的数据可以设置为货币格式。

（　　　）10. Excel 2010 中，在 A1 单元格输入 4，A3 单元格输入 6，A4 单元格输入"=A1+A3"，则 A4 单元格中显示 10。

（　　　）11. Excel 2010 中，所有执行过的操作命令都是可以撤销的。

（　　　）12. Excel 2010 中，工作表删除后无法通过"撤销"命令恢复。

（　　　）13. Excel 2010 中，A1：B2 代表 A1 到 B2 的所有单元格。

（　　　）14. Excel 2010 中，单击目标单元格后按住鼠标左键拖动鼠标，可以实现数据的自动填充。

（　　　）15. Excel 2010 中，工作表中可以插入行与列，但不能插入单元格。

（　　　）16. Excel 2010 中，工作表中的行与列交叉形成单元格，单元格是数据存储和处理的最小单位。

（　　　）17. Excel 2010 中，可以使用快捷菜单设置数据的字体、颜色等。

（　　　）18. Excel 2010 中，单击某个单元格，按 Delete 键可以将其删除。

（　　　）19. Excel 2010 中，工作表的移动、复制、删除和重命名可以通过对工作表标签的操作实现。

（　　　）20. Excel 2010 中，单元格中的计算公式在复制后可能会发生变化。

（　　　）21. Excel 2010 中，单元格中的字符串超过该单元格的宽度时，该字符串可以占用其左侧的显示空间而全部显示出来。

（　　　）22. Excel 2010 中，输入数据后，必须使用鼠标或键盘使光标离开单元格，数据才能被接收。

（　　　）23. Excel 2010 中，将一个单元格中的内容复制到另一单元格后，两个单元格的

内容完全相同。

（　　）24. Excel 2010 中，复制单元格时，只能复制单元格的数值而不能复制单元格的格式。

（　　）25. Excel 2010 中，公式"=5+2*3"与"=（5+2）*3"的计算结果相同。

（　　）26. Excel 2010 中，单击要删除行的行号，按 Delete 键可以删除该行。

（　　）27. Excel 2010 中，公式移动到其他单元格后，公式内容不会发生改变。

（　　）28. 可以使用函数 SUM(A1：B2)求 A1 和 B2 两个单元格中数据的和。

（　　）29. Excel 2010 中，可以在单元格或编辑栏中输入和编辑数据。

（　　）30. Excel 2010 中，可以将表格中的数据显示成数据图表的形式。

四、习题答案

（一）单项选择题

1. A　2. A　3. A　4. C　5. B　6. C　7. A　8. A　9. A　10. C
11. C　12. C　13. B　14. C　15. B　16. D　17. A　18. C　19. D　20. A
21. C　22. B　23. A　24. C　25. B　26. C　27. D　28. A　29. C　30. D
31. C　32. B　33. C　34. A　35. A　36. D　37. A　38. D　39. B　40. A
41. D　42. D　43. D　44. B　45. B　46. B　47. D　48. C　49. C　50. D

（二）多项选择题

1. ABD　2. ABD　3. ABCD　4. ABCD　5. BD　6. ABD　7. ABC
8. ABC　9. ABD　10. ACD　11. ABC　12. ABCD　13. ACD　14. ABCD
15. ACD　16. CD　17. ABC　18. ABCD　19. AB　20. BCD　21. ABCD
22. AC　23. ABCD　24. ACD　25. ABD　26. ABC　27. ABC　28. BD
29. ABC　30. AD

（三）判断题

1. 错　2. 错　3. 错　4. 错　5. 对　6. 错　7. 错　8. 对　9. 对　10. 对
11. 错　12. 对　13. 对　14. 错　15. 错　16. 对　17. 对　18. 错　19. 对　20. 对
21. 错　22. 对　23. 错　24. 错　25. 错　26. 错　27. 对　28. 错　29. 对　30. 对

五、实训题

实训一

实训目的：Excel 入门（一）。

实训内容：按要求完成以下操作。

1. 在桌面上启动 Excel 2010，单击窗口右上角的"关闭"按钮退出。

2. 在"开始"菜单中启动 Excel 2010，按 Alt+F4 组合键退出。

3. 将"新建""打开""快速打印"按钮添加到快速访问工具栏。

4. 按照【样表 1】建立工作簿，以文件名 lx1.xlsx 保存。

5. 分别使用两种方法打开和关闭工作簿 lx1.xlsx。

【样表1】

	A	B	C	D	E	F	
1				职工档案表			
2	编号	姓名	性别	出生日期	职称	工资	
3	101	林永菁	女	1984/8/11	工人		345
4	102	吴乐勤	男	1985/11/12	工程师		365
5	201	雷世达	男	1980/2/18	工人		375
6	202	陈忠辉	男	1970/10/23	助工		675
7	301	林建生	男	1967/4/26	技术员		546
8	302	叶圣红	女	1974/5/6	工人		541
9	401	陈秉龙	男	1973/2/8	工程师		345
10	402	王先达	男	1974/10/12	工程师		567
11	501	马先知	男	1973/6/13	工程师		589
12	502	郑先荣	女	1973/6/14	助工		536
13	601	王伟	男	1973/6/15	助工		560
14	602	赵明	男	1972/8/14	助工		540

实训二

实训目的：Excel 入门（二）。

实训内容：按要求完成以下操作。

1. 启动 Excel，在 Sheet1 工作表中输入以下数据，以文件名 lx2.xlsx 保存。

（1）在 A1 至 E1 单元格中输入两行文本：电子商务、信息技术、网络基础、工具软件、就业指导，要求：输入前两个字后换行输入后两个字。

（2）在 A2 至 E2 单元格中输入文本：00001、00002、00003、00004、00005

（3）在 A3 单元格中输入系统当前日期，E3 单元格中输入系统当前时间。

（4）在 A4 至 J4 单元格中输入数字：2、4、6、8、10、12、14、16、18、20。

（5）在 A5 至 E5 单元格中输入星期：星期一、星期二、星期三、星期四、星期五。

（6）在 A6 至 E6 单元格中输入同一内容：二维动画。

2. 在 Sheet2 工作表中输入【样表 2】所示数据，并按要求进行如下操作。

（1）使用填充柄自动输入"序号"一列数据。

（2）将序号为"00001"和"00004"的伙食费分别增加 20 元。

（3）查找工作表中姓名为"鲁磊"的学生，将其姓名替换为"鲁石磊"。

（4）将 A2：K9 单元格区域中的数据复制到 Sheet3 工作表 A1：K8 单元格区域。

【样表2】

	A	B	C	D	E	F	G	H	I	J	K
1	第一职教中心学校数控专业二班五月份学生生活费用一览表										
2	序号	姓名	性别	伙食费	零食费	学习用具费	娱乐费	化妆用品费	通讯费	交通费	生活费总支出
3		闫冠文	男	297	263	45	15	20	20	120	
4		甘雪晴	女	340	137	65	20	30	30	240	
5		杨樱樱	女	329	78	24	43	50	50	55	
6		鲁磊	男	421	50	37	42	20	50	55	
7		周润英	女	327	36	44	43	40	35	79	
8		闵丹	女	568	87	65	43	40	37	80	
9		何津	男	738	200	32	50	35	56	38	

【效果图2】

	A	B	C	D	E	F	G	H	I	J	K
1	第一职教中心学校数控专业二班五月份学生生活费用一览表										
2	序号	姓名	性别	伙食费	零食费	学习用具费	娱乐费	化妆用品费	通讯费	交通费	生活费总支出
3	00001	闫冠文	男	317	263	45	15	20	20	120	
4	00002	甘雪晴	女	340	137	65	20	30	30	240	
5	00003	杨樱樱	女	329	78	24	43	50	50	55	
6	00004	鲁石磊	男	441	50	37	42	20	50	55	
7	00005	周润英	女	327	36	44	43	40	35	79	
8	00006	闵丹	女	568	87	65	43	40	37	80	
9	00007	何津	男	738	200	32	50	35	56	38	

实训三

实训目的：电子表格基本操作。

实训内容：按要求完成以下操作。

1. 启动 Excel，按照【样表 3-1】建立工作簿，以文件名 lx3.xlsx 保存。
2. 在学号为"00007"的行后插入以下两行。

00008	左冷禅	2	78	3	92	2	77	254	85
00009	童百熊	2	88	3	90	2	83	268	89

3. 在学号为"00014"的行前插入以下两行。

00012	童百熊	2	72	3	80	2	88	247	82
00013	木高峰	2	78	3	45	3	89	220	73

4. 利用合并单元格功能将表格标题及表头内容合并居中，结果如【效果图 3-1】所示。
5. 设置表格第 1 行至 17 行的行高为 20，第 B 列的列宽为 8，其余列的列宽为 6。
6. 将 Sheet1 工作表更名为"学生成绩表"，工作表标签颜色设置为红色；Sheet2 工作表更名为"学生情况表"，工作表标签颜色设置为绿色；删除 Sheet3 工作表。
7. 将"学生成绩表"自第 8 行拆分窗格，观察工作表变化，然后取消拆分窗格。
8. 将"学生成绩表"自第 3 行冻结窗格，观察工作表变化，然后取消冻结窗格。

【样表 3-1】

	A	B	C	D	E	F	G	H	I	J
1	学生成绩表									
2	学号	姓名	语文		数学		英语		总分	平均分
3			平时	期末	平时	期末	平时	期末		
4	00001	令狐冲	5	90	5	85	5	92	282	94
5	00002	任盈盈	5	95	5	89	5	91	290	97
6	00003	林平之	4	89	4	83	4	76	260	87
7	00004	岳灵珊	4	80	4	75	4	83	250	83
8	00005	仪琳	3	89	3	77	3	88	263	88
9	00006	曲飞燕	2	79	2	68	2	84	237	79
10	00007	田伯光	1	50	1	70	1	63	186	62
11	00010	上官云	1	56	1	78	1	89	226	75
12	00011	杨莲亭	3	81	3	82	3	67	239	80
13	00014	陶根仙	3	87	3	86	3	85	267	89

【效果图 3-1】

		语文		数学		英语			
学号	姓名	平时	期末	平时	期末	平时	期末	总分	平均分
00001	令狐冲	5	90	5	85	5	92	282	94
00002	任盈盈	5	95	5	89	5	91	290	97
00003	林平之	4	89	4	83	4	76	260	87
00004	岳灵珊	4	80	4	75	4	83	250	83
00005	仪琳	3	89	3	77	3	88	263	88
00006	曲飞燕	2	79	2	68	2	84	237	79
00007	田伯光	1	50	1	70	1	63	186	62
00008	左冷禅	2	78	3	92	2	77	254	85
00009	童百熊	2	88	3	90	2	83	268	89
00010	上官云	1	56	1	78	1	89	226	75
00011	杨莲亭	3	81	3	82	3	67	239	80
00012	童百熊*	2	72	3	80	2	88	247	82
00013	木高峰	2	78	3	45	3	89	220	73
00014	陶根仙	3	87	3	86	3	85	267	89

学生成绩表

【补充实训】

对工作簿 lx3-1.xlsx 中的工作表"课程表"进行以下操作，完成后保存。

1. 设置纸张大小为 B5，上、下、左、右页边距各 2 厘米，打印方向为"横向"。

2. 设置表格第 1 行至第 6 行的行高为 64，第 A 列至第 G 列的列宽为 13.5。

3. 设置标题"课程表"字体为华文新魏、字号为 36，相对表格居中；A2：G6 单元格区域数据字体为楷体，字号为 18。

4. 将工作簿 lx3-1.xlsx 中的工作表"课程表"复制到工作簿 lx3.xlsx 的最后。

【样表 3-2】

	A	B	C	D	E	F	G
1	课　程　　表						
2	星期节次		星期一	星期二	星期三	星期四	星期五
3	上午	1.2节	数　　学	数　　学	数　　学	数　　学	数　　学
4		3.4节	语　　文	语　　文	语　　文	语　　文	语　　文
5	下午	5.6节	班　　会	英　　语	体　　育	英　　语	音　　乐
6		7.8节	课外活动	课外活动	课外活动	课外活动	课外活动

【效果图 3-2】

课　程　表

星期 节次		星期一	星期二	星期三	星期四	星期五
上午	1.2节	数　　学	数　　学	数　　学	数　　学	数　　学
	3.4节	语　　文	语　　文	语　　文	语　　文	语　　文
下午	5.6节	班　　会	英　　语	体　　育	英　　语	音　　乐
	7.8节	课外活动	课外活动	课外活动	课外活动	课外活动

实训四

实训目的：格式化电子表格。

实训内容：按要求完成以下操作。

1. 启动 Excel，按照【样表 4-1】建立工作簿，完成后保存，取名为 lx4.xlsx。

2. 设置标题"职工工资表"字体为华文新魏，字号为 20，颜色为蓝色，相对于表格居中。设置 A2：I14 单元格区域字体为仿宋，颜色为蓝色，水平居中、垂直居中。

3. 设置表格第 2 行至第 14 行的行高为 28，前 3 列及第 E 列、第 F 列的列宽为 9，第 D 列的列宽为 14，第 G 列至第 I 列的列宽为 11。

4. 设置表格"工资""津贴"列数据为两位小数、"¥"货币样式；"应发工资"列数据增加两位小数、千位分隔样式、会计专用样式；"日期"列数据为形如"2001 年 3 月 14 日"的样式；"编号"列数据为"文本"样式，然后在"编号"列输入相应的编号。

5. 将 Sheet1 工作表更名为"职工工资表"，工作表标签颜色设置为红色。

6. 给表格添加边框，要求：A2：I14 单元格区域外边框用红色（RGB(255，0，0)）粗实线，内部用绿色（RGB(0，255，0)）细实线。

7. 给表格添加底纹，要求：A2：I2 单元格区域用浅黄色（RGB(255，255，153)）底纹，A3：I14 单元格区域用浅绿色（RGB(204，255，204)）底纹。

8. 使用条件格式将职称为"工程师"的数据设置为红色，"工人"的数据设置为绿色、加粗，"助工"的数据设置为倾斜。

【样表 4-1】

【效果图 4-1】

【补充实训】

对工作簿 lx4.xlsx 中的工作表"课程表"进行以下操作，完成后保存。

1. 设置纸张大小为 B5，上、下、左、右页边距各 2 厘米，打印方向为"横向"。

2. 设置表格第 1 行至第 6 行的行高为 64，第 A 列至第 G 列的列宽为 13.5。

3. 设置标题"课程表"字体为华文新魏，字号为 36，相对于表格居中。设置 A2：G6 单元格区域数据的字体为宋体，字号为 18，相对于单元格水平居中、垂直居中。

4. 给表格添加边框，要求：A2：G6 单元格区域外边框用红色粗实线，内部用蓝色细实线，第 4 行和第 5 行之间用红色双线，"星期"所在单元格用蓝色细实斜线。

5. 给表格添加底纹，要求：A2：G2 单元格区域用浅黄色底纹，A3：B6 单元格区域用浅绿色底纹，C3：G6 单元格区域用淡蓝色（RGB(153，204，255)）底纹。

【样表 4-2】

	A	B	C	D	E	F	G
1	课　程　　表						
2	星期节次		星期一	星期二	星期三	星期四	星期五
3	上午	1.2节	数　　学	数　　学	数　　学	数　　学	数　　学
4		3.4节	语　　文	语　　文	语　　文	语　　文	语　　文
5	下午	5.6节	班　　会	英　　语	体　　育	英　　语	音　　乐
6		7.8节	课外活动	课外活动	课外活动	课外活动	课外活动

【效果图 4-2】

课　程　表

实训五

实训目的：计算数据（使用自定义公式）。

实训内容：按要求完成以下操作。

1. 启动 Excel，按照【样表 5】建立工作簿，完成后保存，取名为 lx5.xlsx。

2. 在"职工档案表"中，设置标题"职工档案表"字体为华文新魏，字号为 20，颜色为蓝色，相对于表格居中。

3. 设置 A2：J13 单元格区域数据字体为仿宋，颜色为蓝色，相对于单元格水平居中、垂直居中。

4. 计算所有职工的"工资""津贴""扣发"合计及每位职工的"应发工资"。

5. 设置表格第 1 至第 13 行的行高为 25，第 E 列的列宽为 12，第 I 列的列宽为 10，其余列的列宽为 8。

6. 给表格"工资"和"扣发"列数据增加两位小数，设置"应发工资"列数据格式为千位分隔样式、会计专用。

7. 给表格添加边框，要求 A2：J13 单元格区域外框用红色双实线，内部用绿色细实线。

8. 给表格添加底纹，要求 A2：J2 单元格区域用浅黄色（RGB(255，255，153)）底纹，A3：J13 单元格区域用浅绿色（RGB(204，255，204)）底纹。

【样表 5】

	A	B	C	D	E	F	G	H	I
1					职工档案表				
2	编号	姓名	编制	职称	出生日期	工资	津贴	扣发	应发工资
3	000001	李志刚	干部	助工	1952-06-07	690	249.19	69	
4	000003	张林淹	临时工	工人	1961-01-03	578	200.72	58	
5	000005	毛小峰	合同工	工人	1966-12-31	301	608.88	30	
6	000007	钱大成	干部	工程师	1962-10-23	338	395.65	34	
7	000009	郭小峰	临时工	工人	1949-10-30	784	207.50	78	
8	000011	何进	正式工	助工	1967-04-16	575	435.66	58	
9	000013	陈云竹	合同工	工人	1959-05-23	346	234.55	35	
10	000015	金亦坚	干部	高工	1955-08-11	674	565.75	67	
11	000017	沈云秀	干部	工程师	1975-06-18	432	401.88	43	
12	000019	吴玉明	干部	工人	1969-11-13	550	480.38	55	
13		合计							

【效果图 5】

	A	B	C	D	E	F	G	H	I
1					职工档案表				
2	编号	姓名	编制	职称	出生日期	工资	津贴	扣发	应发工资
3	000001	李志刚	干部	助工	1952-06-07	690.00	249.19	69.00	870.19
4	000003	张林淹	临时工	工人	1961-01-03	578.00	200.72	57.80	720.92
5	000005	毛小峰	合同工	工人	1966-12-31	301.00	608.88	30.10	879.78
6	000007	钱大成	干部	工程师	1962-10-23	338.00	395.65	33.80	699.85
7	000009	郭小峰	临时工	工人	1949-10-30	784.00	207.50	78.40	913.10
8	000011	何进	正式工	助工	1967-04-16	575.00	435.66	57.50	953.16
9	000013	陈云竹	合同工	工人	1959-05-23	346.00	234.55	34.60	545.95
10	000015	金亦坚	干部	高工	1955-08-11	674.00	565.75	67.40	1,172.35
11	000017	沈云秀	干部	工程师	1975-06-18	432.00	401.88	43.20	790.68
12	000019	吴玉明	干部	工人	1969-11-13	550.00	480.38	55.00	975.38
13		合计				5268.00	3780.16	526.80	

实训六

实训目的：计算数据（使用 COUNTIF、SUMIF、RANK、FREQUENCY、IF 函数）。

实训内容：按要求完成以下操作。

1. 启动 Excel，按照【样表 6】建立工作簿，完成后保存，取名为 lx6.xlsx。

2. 使用平均值函数 AVERAGE 计算所有学生成绩的平均值，保留两位小数。

3. 使用统计函数 COUNTIF 统计 2016.1 班、2016.2 班、2016.3 班学生人数。

4. 使用条件求和函数 SUMIF 计算 2016.1 班、2016.2 班、2016.3 班学生总分。

5. 使用排序函数 RANK 按"成绩"列数据由大到小给出所有学生的排名。

6. 使用频率分布函数 FREQUENCY 统计 0～59、60～69、70～79、80～89、90～100 各分数段的学生人数。

7. 使用条件函数 IF 在"及格否"列中显示相应的文本。当成绩小于 60 时，在"及格否"列中显示"不及格"，否则显示"及格"。

【样表6】

	A	B	C	D	E	F	G	H	I	J
1				学生成绩表						
2	学号	姓名	性别	班级	成绩	排名	及格否		班 级	人 数
3	10001	令狐冲	男	2016.1	92				2016.1	
4	10002	任盈盈	女	2016.3	91				2016.2	
5	10003	林平之	男	2016.2	76				2016.3	
6	10004	岳灵珊	女	2016.2	83				班 级	总 分
7	10005	仪琳	女	2016.1	78				2016.1	
8	10006	曲飞燕	女	2016.3	84				2016.2	
9	10007	田伯光	男	2016.1	63				2016.3	
10	10008	东方不败	男	2016.1	85			分段点	成绩段	人数
11	10009	上官云	女	2016.3	49			59	0～59	
12	10010	杨莲亭	男	2016.2	67			69	60～69	
13	10011	陶根仙	女	2016.1	95			79	70～79	
14	10012	左冷禅	男	2016.3	88			89	80～89	
15	10013	童百熊	男	2016.2	52			100	90～100	
16	10014	木高峰	男	2016.3	69					
17				平均值						

【效果图6】

	A	B	C	D	E	F	G	H	I	J
1				学生成绩表						
2	学号	姓名	性别	班级	成绩	排名	及格否		班 级	人 数
3	10001	令狐冲	男	2016.1	92	2	及格		2016.1	4
4	10002	任盈盈	女	2016.3	91	3	及格		2016.2	5
5	10003	林平之	男	2016.2	76	9	及格		2016.3	5
6	10004	岳灵珊	女	2016.2	83	7	及格		班 级	总 分
7	10005	仪琳	女	2016.1	78	8	及格		2016.1	350
8	10006	曲飞燕	女	2016.3	84	6	及格		2016.2	341
9	10007	田伯光	男	2016.2	63	12	及格		2016.3	381
10	10008	东方不败	男	2016.1	85	5	及格	分段点	成绩段	人 数
11	10009	上官云	女	2016.3	49	14	不及格	59	0～59	2
12	10010	杨莲亭	男	2016.2	67	11	及格	69	60～69	3
13	10011	陶根仙	女	2016.1	95	1	及格	79	70～79	2
14	10012	左冷禅	男	2016.3	88	4	及格	89	80～89	4
15	10013	童百熊	男	2016.2	52	13	不及格	100	90～100	3
16	10014	木高峰	男	2016.3	69	10	及格			
17		平均值			76.57					

实训七

实训目的：处理数据。

实训内容：按要求完成以下操作。

1. 启动 Excel，按照【样表7】建立工作簿，完成后保存，取名为 lx7.xlsx。

2. 将工作表按"工资"列数据由小到大升序排列。

【样表7】

	A	B	C	D	E	F	G
1	编号	姓名	性别	职称	出生日期	婚否	工资
2	000001	李志刚	女	助工	1973/5/8	是	249.19
3	000003	张林淹	男	工人	1974/10/10	否	200.72
4	000005	毛小峰	男	工人	1974/5/6	否	608.88
5	000007	钱大成	男	工程师	1972/9/18	是	395.65
6	000009	郭小峰	男	工人	1973/8/16	是	207.50
7	000011	何进	女	助工	1972/10/19	否	440.85
8	000013	陈云竹	男	工人	1975/10/12	是	234.55
9	000015	金亦坚	男	高工	1973/2/8	否	565.75
10	000017	张小云	男	工人	1971/8/18	是	300.95
11	000019	沈云秀	女	工程师	1972/8/14	是	401.88
12	000021	何伟	男	工人	1974/10/12	否	450.63
13	000023	张小曼	女	助工	1973/6/13	是	440.85

【效果图 7-1】

	A	B	C	D	E	F	G
1	编号	姓名	性别	职称	出生日期	婚否	工资
2	000003	张林淹	男	工人	1974/10/10	否	200.72
3	000009	郭小峰	男	工人	1973/8/16	是	207.50
4	000013	陈云竹	男	工人	1975/10/12	是	234.55
5	000001	李志刚	女	助工	1973/5/8	是	249.19
6	000017	张小云	男	工人	1971/8/18	是	300.95
7	000007	钱大成	男	工程师	1972/9/18	是	395.65
8	000019	沈云秀	女	工程师	1972/8/14	是	401.88
9	000011	何进	女	助工	1972/10/19	否	440.85
10	000023	张小曼	女	助工	1973/6/13	是	440.85
11	000021	何伟	男	工人	1974/10/12	否	450.63
12	000015	金亦坚	男	高工	1973/2/8	否	565.75
13	000005	毛小峰	男	工人	1974/5/6	否	608.88

3. 将工作表按"姓名"列笔画的多少由大到小降序排列。

【效果图 7-2】

	A	B	C	D	E	F	G
1	编号	姓名	性别	职称	出生日期	婚否	工资
2	000009	郭小峰	男	工人	1973/8/16	是	207.50
3	000007	钱大成	男	工程师	1972/9/18	是	395.65
4	000015	金亦坚	男	高工	1973/2/8	否	565.75
5	000013	陈云竹	男	工人	1975/10/12	是	234.55
6	000003	张林淹	男	工人	1974/10/10	否	200.72
7	000023	张小曼	女	助工	1973/6/13	是	440.85
8	000017	张小云	男	工人	1971/8/18	是	300.95
9	000019	沈云秀	女	工程师	1972/8/14	是	401.88
10	000011	何进	女	助工	1972/10/19	否	440.85
11	000021	何伟	男	工人	1974/10/12	否	450.63
12	000001	李志刚	女	助工	1973/5/8	是	249.19
13	000005	毛小峰	男	工人	1974/5/6	否	608.88

4. 使用自动筛选功能找出工资大于 300 元且小于 500 元的记录。

【效果图 7-3】

	A	B	C	D	E	F	G
1	编号	姓名	性别	职称	出生日期	婚否	工资
5	000007	钱大成	男	工程师	1972/9/18	是	395.65
7	000011	何进	女	助工	1972/10/19	否	440.85
10	000017	张小云	男	工人	1971/8/18	是	300.95
11	000019	沈云秀	女	工程师	1972/8/14	是	401.88
12	000021	何伟	男	工人	1974/10/12	否	450.63
13	000023	张小曼	女	助工	1973/6/13	是	440.85

5. 使用自动筛选功能找出工资小于 300 或大于 500 元的记录。

【效果图 7-4】

	A	B	C	D	E	F	G
1	编号	姓名	性别	职称	出生日期	婚否	工资
2	000001	李志刚	女	助工	1973/5/8	是	249.19
3	000003	张林淹	男	工人	1974/10/10	否	200.72
4	000005	毛小峰	男	工人	1974/5/6	否	608.88
6	000009	郭小峰	男	工人	1973/8/16	是	207.50
8	000013	陈云竹	男	工人	1975/10/12	是	234.55
9	000015	金亦坚	男	高工	1973/2/8	否	565.75

6. 使用自动筛选功能找出性别为"男"且职称为"工人"的记录。

【效果图 7-5】

	A	B	C	D	E	F	G
1	编号	姓名	性别	职称	出生日期	婚否	工资
3	000003	张林淹	男	工人	1974/10/10	否	200.72
4	000005	毛小峰	男	工人	1974/5/6	否	608.88
6	000009	郭小峰	男	工人	1973/8/16	是	207.50
8	000013	陈云竹	男	工人	1975/10/12	是	234.55
10	000017	张小云	男	工人	1971/8/18	是	300.95
12	000021	何伟	男	工人	1974/10/12	否	450.63

7. 使用高级筛选功能找出工资大于 300 且职称为"工人"的记录。

【效果图 7-6】

	A	B	C	D	E	F	G
1	编号	姓名	性别	职称	出生日期	婚否	工资
4	000005	毛小峰	男	工人	1974/5/6	否	608.88
10	000017	张小云	男	工人	1971/8/18	是	300.95
12	000021	何伟	男	工人	1974/10/12	否	450.63
14							
15	编号	姓名	性别	职称	出生日期	婚否	工资
16				工人			>300

8. 使用高级筛选功能找出工资大于 300 或职称为"工人"的记录。

【效果图 7-7】

	A	B	C	D	E	F	G
1	编号	姓名	性别	职称	出生日期	婚否	工资
3	000003	张林淹	男	工人	1974/10/10	否	200.72
4	000005	毛小峰	男	工人	1974/5/6	否	608.88
5	000007	钱大成	男	工程师	1972/9/18	是	395.65
6	000009	郭小峰	男	工人	1973/8/16	是	207.50
7	000011	何进	女	助工	1972/10/19	否	440.85
8	000013	陈云竹	男	工人	1975/10/12	是	234.55
9	000015	金亦坚	男	高工	1973/2/8	否	565.75
10	000017	张小云	男	工人	1971/8/18	是	300.95
11	000019	沈云秀	女	工程师	1972/8/14	是	401.88
12	000021	何伟	男	工人	1974/10/12	否	450.63
13	000023	张小曼	女	助工	1973/6/13	是	440.85
14							
15	编号	姓名	性别	职称	出生日期	婚否	工资
16							>300
17				工人			

9. 将工作表按"职称"升序排列，然后按"职称"对"工资"汇总求平均值。

【效果图 7-8】

1 2 3		A	B	C	D	E	F	G
	1	编号	姓名	性别	职称	出生日期	婚否	工资
	2	000015	金亦坚	男	高工	1973/2/8	否	565.75
	3				高工 平均值			565.75
	4	000007	钱大成	男	工程师	1972/9/18	是	395.65
	5	000019	沈云秀	女	工程师	1972/8/14	是	401.88
	6				工程师 平均值			398.77
	7	000003	张林淹	男	工人	1974/10/10	否	200.72
	8	000005	毛小峰	男	工人	1974/5/6	否	608.88
	9	000009	郭小峰	男	工人	1973/8/16	是	207.50
	10	000013	陈云竹	男	工人	1975/10/12	是	234.55
	11	000017	张小云	男	工人	1971/8/18	是	300.95
	12	000021	何伟	男	工人	1974/10/12	否	450.63
	13				工人 平均值			333.87
	14	000001	李志刚	女	助工	1973/5/8	是	249.19
	15	000011	何进	女	助工	1972/10/19	否	440.85
	16	000023	张小曼	女	助工	1973/6/13	是	440.85
	17				助工 平均值			376.96
	18				总计平均值			374.78

实训八

实训目的：制作数据图表。

实训内容：按要求完成以下操作。

1. 启动 Excel，按照【样表 8-1】建立工作簿，完成后保存，取名为 lx8.xlsx。

2. 插入图表，选择图表类型为"柱形图/簇状柱形图"。在图表上方添加标题"吸烟与不吸烟者患病率"，设置标题字体为隶书，字号为 20，颜色为蓝色。

3. 设置图表区背景填充效果为"纹理/信纸"；绘图区背景颜色为浅绿色（RGB(204，255，204)）；图例字体为楷体，字号为 12，颜色为红色。

【样表 8-1】吸烟与不吸烟者患病率（%）

疾病名称	气管炎	肺癌	高血压
吸烟	6.81	11.2	3.1
不吸烟	2.85	7.27	2.53

【效果图 8-1】

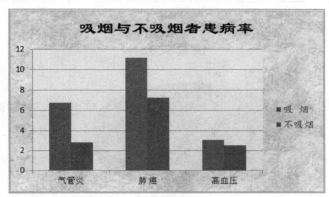

4. 在 Sheet2 工作表中按【样表 8-2】创建表格。

5. 插入图表，选择图表类型为"折线图/折线图"。在图表上方添加标题"吸烟致死的人数增长趋势预测"，设置标题字体为隶书，字号为 16，颜色为红色。

6. 设置图表区背景颜色为浅绿色；绘图区背景填充效果为"纹理/信纸"；图例字体为楷体，字号为 12，颜色为蓝色。

【样表 8-2】吸烟致死的人数增长趋势预测

死亡年份	1990 年	2000 年	2010 年	2020 年
死亡人数	60	100	200	400

【效果图 8-2】

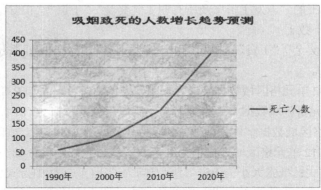

7. 在 Sheet3 工作表中按【样表 8-3】创建表格。

8. 插入图表，选择图表类型为"饼图/三维饼图"。在图表上方添加标题"超级女声投票支持率"，设置标题字体为隶书，字号为 20，颜色为红色。

9. 设置图表区边框为圆角边框，背景颜色为浅绿色；图例字体为楷体，字号为12，颜色为蓝色；添加类别名称和百分比，标签位置为"数据标签外"。

【样表8-3】　　　　　　　　　投票支持率

姓　　名	选票数
张林淹	707
郭小峰	559
陈云龙	253
沈云秀	70

【效果图8-3】

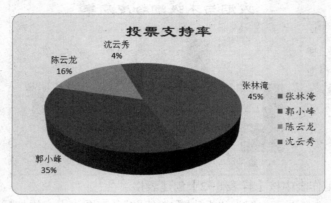

实训九

实训目的：打印工作表。

实训内容：按要求完成以下操作。

1. 启动 Excel，按照【样表9】建立工作簿，以文件名 lx9.xlsx 保存。

2. 设置标题字体为方正姚体，字号为20，颜色为褐色（RGB（153，51，0）），加粗，相对于表格居中；A2：G12 单元格区域数据水平居中、垂直居中。

3. 设置表格第 1 行的行高为 30，第 2 行至第 12 行的行高为 25，第 A、B 两列的列宽为 8，第 C 列的列宽为 6，第 D 列至第 G 列的列宽为 10。

4. 计算每位职工的"应发工资"及所有职工"奖金""工资""扣发"和"应发工资"的平均值（保留两位小数）。

5. 设置表格"奖金""工资""扣发"和"应发工资"列数据的小数位数为2、会计专用格式（无货币符号）。

6. 设置 A2：G2 单元格区域数据字形为加粗，颜色为蓝色，添加 RGB（255，204，153）底纹；A3：A12 单元格区域数据字体为隶书，颜色为蓝色，添加 RGB（255，255，153）底纹；B3：G12 单元格区域数据字体为楷体，颜色为蓝色，添加 RGB（204，255，204）底纹。

7. 设置 A2：G12 单元格区域外边框为红色双实线，内部为绿色细实线。

8. 设置页面格式：纸张大小为 B5，打印方向为"纵向"，居中方式为"水平"。

9. 设置页眉格式：左为系统日期，中间为文本"职工工资表"，右为系统时间。

10. 设置页脚格式：添加页码，格式为"第 1 页，共 ? 页"；顶端标题行重复。

【样表 9】

	A	B	C	D	E	F	G
1				职工工资表			
2	证件号	姓名	性别	奖金	工资	扣发	应发工资
3	00001	魏明亮	女	375	690	100	
4	00002	何琪	男	435	578	80	
5	00003	燕冉飞	男	345	301	40	
6	00005	丰罡	男	360	338	40	
7	00006	解仁晔	男	330	784	110	
8	00007	左鹏飞	女	300	575	80	
9	00008	巩固国	男	390	346	40	
10	00009	蹇国赋	男	490	674	80	
11	00010	任建兴	男	435	432	40	
12		平均值					

【效果图 9】

	A	B	C	D	E	F	G
1				职工工资表			
2	证件号	姓名	性别	奖金	工资	扣发	应发工资
3	00001	魏明亮	女	375.00	690.00	100.00	965.00
4	00002	何琪	男	435.00	578.00	80.00	933.00
5	00003	燕冉飞	男	345.00	301.00	40.00	606.00
6	00005	丰罡	男	360.00	338.00	40.00	658.00
7	00006	解仁晔	男	330.00	784.00	110.00	1,004.00
8	00007	左鹏飞	女	300.00	575.00	80.00	795.00
9	00008	巩固国	男	390.00	346.00	40.00	696.00
10	00009	蹇国赋	男	490.00	674.00	80.00	1,084.00
11	00010	任建兴	男	435.00	432.00	40.00	827.00
12		平均值		384.44	524.22	67.78	840.89

实训十

实训目的：Word 与 Excel 协同办公。

实训内容：按要求完成以下操作。

1. 启动 Excel，按照【样表 10-1】建立工作簿，完成后保存，取名为 lx10.xlsx。

2. 利用 Word 2010 中的"邮件合并"命令打印奖状，合并后的文档以文件名"奖状.docx"保存，奖状模板为文档 lx10.docx。

【样表 10-1】

班级	姓名	等次
2007 级 1 班	王晨	一
2007 级 2 班	徐越	二
2007 级 3 班	王迎	二
2007 级 4 班	刘欢	三
2007 级 5 班	周洁	三
2007 级 6 班	张鹏	三

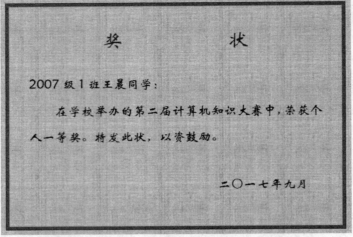

3. 按照【样表 10-2】建立工作簿，完成后保存，取名为 lx10-1.xlsx。

4. 利用 Word 2010 中的"邮件合并"命令打印学生成绩通知单，合并后的文档以文件名"学生成绩通知单.docx"保存，学生成绩通知单模板为文档 lx10-1.docx。

【样表 10-2】

学号	姓名	语文	数学	英语	总分
10001	令狐冲	90	85	92	267
10002	任盈盈	95	89	91	275
10003	林平之	89	83	76	248
10004	岳灵珊	80	75	83	238
10005	仪琳	89	77	88	254
10006	曲飞燕	79	68	84	231
10007	田伯光	50	70	63	183
10008	上官云	56	78	89	223

【效果图 10-2】

学生成绩通知单

学号	姓名	语文	数学	英语	总分
10001	令狐冲	90	85	92	267

实训十一

实训目的：综合实训一。

实训内容：按要求完成以下操作。

1. 启动 Excel，按照【样表 11】建立工作簿，完成后保存，取名为 lx11.xlsx。

2. 设置标题字体为华文行楷，字号为 20，红色，相对于表格居中；A2：F9 单元格区域数据字体为隶书，字号为 14，蓝色，相对单元格水平居中、垂直居中。

3. 设置表格第 1 行至第 9 行的行高为 30，第 A 列至第 F 列的列宽为 10。

4. 给表格添加边框，要求 A2：F9 单元格区域外框用绿色双实线，内部用绿色细实线。

5. 给表格添加底纹，要求 A2：A9 单元格区域和 B2：F2 单元格区域用 RGB（204，255，204）底纹，B3：F9 单元格区域用 RGB（255，255，153）底纹。

6. 计算各公司 2008 年的销售总额及各季度销售额的平均值（保留两位小数）。

7. 在 Sheet1 工作表中使用各城市四个季度的销售额创建簇状柱形图，图表上方添加标题"利达公司 2008 年销售情况表"。

8. 将 Sheet1 工作表中的 A2：F8 单元格区域复制到 Sheet2 工作表的 A1：F7 单元格区域，然后在 Sheet2 工作表中筛选出第一季度大于 70 且第三季度大于 65 的记录。

【样表 11】

	A	B	C	D	E	F
1	利达公司2008年销售情况表					
2	省份	第一季度	第二季度	第三季度	第四季度	销售总额
3	山东	65	50	72	79	
4	江苏	89	61	61	82	
5	浙江	65	88	53	81	
6	河北	72	84	86	84	
7	河南	56	58	91	75	
8	安徽	82	75	81	90	
9	平均值					

【效果图 11-1】

	A	B	C	D	E	F
2	省份	第一季度	第二季度	第三季度	第四季度	销售总额
3	山东	65	50	72	79	266
4	江苏	89	61	61	82	293
5	浙江	65	88	53	81	287
6	河北	72	84	86	84	326
7	河南	56	58	91	75	280
8	安徽	82	75	81	90	328
9	平均值	71.50	69.33	74.00	81.83	

【效果图 11-2】

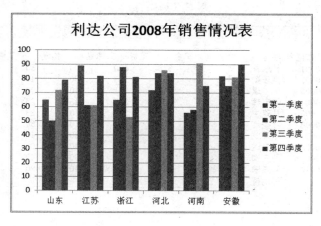

【效果图 11-3】

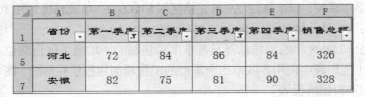

	A省份	B第一季度	C第二季度	D第三季度	E第四季度	F销售总额
5	河北	72	84	86	84	326
7	安徽	82	75	81	90	328

实训十二

实训目的：综合实训二。

实训内容：按要求完成以下操作。

1. 启动 Excel，按照【样表 12】建立工作簿，完成后保存，取名为 lx12.xlsx。

2. 设置标题字体为楷体，字号为 20，蓝色，相对于表格居中；A2：H13 单元格区域数据字体为楷体，字号为 12，蓝色，相对于单元格水平居中、垂直居中。

3. 设置表格第 1 行至第 13 行的行高为 25，第 A 列至第 H 列的列宽为 8。

4. 利用条件格式将工资大于或等于 500 元的工资数据格式设置为红色、加粗。

5. 计算每位职工的"工资总额"及所有职工"奖金""工资""津贴""扣发"的平均值（保留两位小数）。

6. 给表格添加边框，要求：A2：H13 单元格区域外边框用绿色粗实线，内部用绿色细实线。给表格添加底纹，要求：A2：H2 单元格区域用 RGB（204，255，204）底纹，A3：H13 单元格区域用 RGB（255，255，153）底纹。

7. 将 Sheet1 工作表更名为"数据图表"，Sheet2 工作表更名为"自动筛选"，删除 Sheet3 工作表。

8. 将"数据图表"工作表复制到"自动筛选"工作表之后，并将工作表名称更改为"分类汇总"。

9. 在"数据图表"工作表中创建"柱形图/簇状柱形图"，要求：图表只包括"姓名"和"工资总额"两列数据，图表标题为"职工工资表"。

10. 在"自动筛选"工作表中筛选出奖金大于 330 且工资小于 600 的记录。

11. 在"分类汇总"工作表中以"性别"为关键字升序排列，并按"性别"对"奖金""工资""津贴"和"扣发"四列数据汇总求平均值。

【样表 12】

	A工作证号	B姓名	C性别	D奖金	E工资	F津贴	G扣发	H工资总额
1			职工工资表					
2	工作证号	姓名	性别	奖金	工资	津贴	扣发	工资总额
3	00001	林永菁	女	375	690	100	50	
4	00002	吴乐勤	男	435	578	80	40	
5	00003	何琪	女	345	301	40	20	
6	00004	陈忠辉	男	377	323	45	23	
7	00005	林建生	男	360	338	40	20	
8	00006	叶圣红	女	330	784	110	55	
9	00007	陈秉龙	男	300	575	80	40	
10	00008	王先达	男	390	346	40	20	
11	00009	马先知	男	490	674	80	40	
12	00010	郑先荣	女	435	432	40	20	
13		平均值						

【效果图 12-1】

	A	B	C	D	E	F	G	H
1	职工工资表							
2	工作证号	姓名	性别	奖金	工资	津贴	扣发	工资总额
3	00001	林永菁	女	375	690	100	50	1115
4	00002	吴乐勤	男	435	578	80	40	1053
5	00003	何 琪	女	345	301	40	20	666
6	00004	陈忠辉	男	377	323	45	23	722
7	00005	林建生	男	360	338	40	20	718
8	00006	叶圣红	女	330	784	110	55	1169
9	00007	陈秉龙	男	300	575	80	40	915
10	00008	王先达	男	390	346	40	20	756
11	00009	马先知	男	490	674	80	40	1204
12	00010	郑先荣	女	435	432	40	20	887
13		平均值		383.70	504.10	65.50	32.80	

【效果图 12-2】

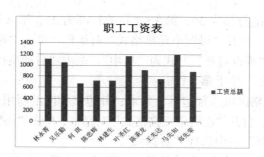

【效果图 12-3】

	A	B	C	D	E	F	G	H
1	工作证	姓名	性别	奖金	工资	津贴	扣发	工资总
3	00002	吴乐勤	男	435	578	80	40	1053
4	00003	何 琪	女	345	301	40	20	666
5	00004	陈忠辉	男	377	323	45	23	722
6	00005	林建生	男	360	338	40	20	718
9	00008	王先达	男	390	346	40	20	756
11	00010	郑先荣	女	435	432	40	20	887

【效果图 12-4】

	A	B	C	D	E	F	G	H
1	职工工资表							
2	工作证号	姓名	性别	奖金	工资	津贴	扣发	工资总额
3	00002	吴乐勤	男	435	578	80	40	1053
4	00004	陈忠辉	男	377	323	45	23	722
5	00005	林建生	男	360	338	40	20	718
6	00007	陈秉龙	男	300	575	80	40	915
7	00008	王先达	男	390	346	40	20	756
8	00009	马先知	男	490	674	80	40	1204
9		男 平均值		392	472	61	31	
10	00001	林永菁	女	375	690	100	50	1115
11	00003	何 琪	女	345	301	40	20	666
12	00006	叶圣红	女	330	784	110	55	1169
13	00010	郑先荣	女	435	432	40	20	887
14		女 平均值		371	552	73	36	
15		总计平均值		384	504	66	33	
16		平均值		384.45	501.21	65.08	32.59	

实训十三

实训目的：综合实训十三。

实训内容：按要求完成以下操作。

1. 启动 Excel，按照【样表 13】建立工作簿，完成后保存，取名为 lx13.xlsx。

【样表 13】

	A	B	C	D	E	F	G	H	I
1	1~6月销售额								
2	月姓名	一月	二月	三月	四月	五月	六月	总计	月平均
3	令狐冲	15500	24560	65480	82500	40000	79500		
4	任盈盈	68000	45126	24593	10000	68000	40000		
5	林平之	75000	14567	26578	44000	85000	37500		
6	岳灵珊	51500	24579	32178	26600	44900	91500		
7	合 计								

2. 格式化工作表。

（1）设置标题"1~6 月销售额"字体为隶书、字号为 18，相对于表格水平居中。

（2）设置 A2：I7 单元格区域数据字体为仿宋、字号为 12，相对于单元格水平居中、垂直居中。

（3）设置第 1~2 行的行高为 30、第 3~7 行的行高为 25、第 A~I 列的列宽为 9。

（4）选中单元格 A2。打开"设置单元格格式"对话框，单击"对齐"标签，设置"水平对齐"方式为"常规"，"垂直对齐"方式为"居中"，选中"自动换行"复选框。在"月"字前加入空格，使得"姓名"位于第 2 行。

（5）给 A2：I7 单元格区域添加边框，要求：外边框和内部都用黑色细实线。

（6）选中单元格 A2，打开"设置单元格格式"对话框，单击"边框"标签。设置线条"样式"为细实线，在"边框"栏中选择"右斜线"。

（7）设置 B3：I7 单元格区域数据为千位分隔样式、小数位数为"0"。操作结果如【效果图 13-1】所示。

【效果图 13-1】

	A	B	C	D	E	F	G	H	I
1	1~6月销售额								
2	月 姓名	一月	二月	三月	四月	五月	六月	总计	月平均
3	令狐冲	15,500	24,560	65,480	82,500	40,000	79,500	307,540	51,257
4	任盈盈	68,000	45,126	24,593	10,000	68,000	40,000	255,719	42,620
5	林平之	75,000	14,567	26,578	44,000	85,000	37,500	282,645	47,108
6	岳灵珊	51,500	24,579	32,178	26,600	44,900	91,500	271,257	45,210
7	合 计	210,000	108,832	148,829	163,100	237,900	248,500		

3. 计算数据：计算每位销售人员 1~6 月销售额的"总计""月平均"和"合计"。操作结果如【效果图 13-1】所示。

4. 条件格式：找出工作表中每位销售人员月销售额的最大值和最小值，最大值用红色、倾斜格式表示，最小值用蓝色、倾斜格式表示。

（1）选中 B3：G3 单元格区域，单击"开始"功能区"样式"命令组中的"条件格式"按钮，从下拉列表中选择"新建规则"命令，打开"新建格式规则"对话框，在"选择规则类型"框中选择"使用公式确定要设置格式的单元格"选项，在"为符合此公式的值设置格式"框中输入公式"=B3=MAX($B3：$G3)"。单击"格式"按钮，打开"设置单元格格式"对话框，设置颜色为红色，字形为倾斜，单击两次"确定"按钮。

（2）利用和上一步骤同样的方法，在"为符合此公式的值设置格式"框中输入公式"=B3=MIN($B3：$G3)"。单击"格式"按钮，打开"设置单元格格式"对话框，设置颜色为蓝色，字形为倾斜，单击两次"确定"按钮。

（3）选中 B3：G3 单元格区域，双击"格式刷"按钮，然后依次刷过 B4：G4、B5：G5 和 B6：G6 单元格区域。操作结果如【效果图 13-2】所示。

【效果图 13-2】

	A	B	C	D	E	F	G	H	I
1					1～6月销售额				
2	月\姓名	一月	二月	三月	四月	五月	六月	总计	月平均
3	令狐冲	15,500	24,560	65,480	82,500	40,000	79,500	307,540	51,257
4	任盈盈	68,000	45,126	24,593	10,000	68,000	40,000	255,719	42,620
5	林平之	75,000	14,567	26,578	44,000	85,000	37,500	282,645	47,108
6	岳灵珊	51,500	24,579	32,178	26,600	44,900	91,500	271,257	45,210
7	合计	210,000	108,832	148,829	163,100	237,900	248,500		

5. 数据图表：制作每位销售人员的销售图表和总销售额图表。

（1）选中 B3：G3 单元格区域，插入数据图表："柱形图/三维簇状柱形图"。

（2）图表上方添加标题"令狐冲月销售额"。设置主要横坐标轴标题为"月"；主要纵坐标轴标题为"销售额"；图表中不显示"图例"和"主要横网格线"。

（3）选中图表，选择"设计"功能区"移动"命令组中的"移动图表"命令，将图表移动到 Sheet2 工作表。操作结果如【效果图 13-3】所示。

【效果图 13-3】

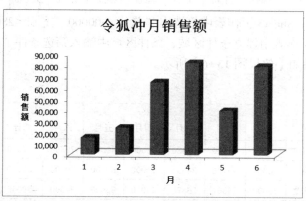

（4）利用同样方法制作其他销售人员的销售图表，分别放入 Sheet3 至 Sheet5 中。

（5）按住 Ctrl 键选中 A3：A6 和 H3：H6 单元格区域，插入数据图表："柱形图/三维簇状柱形图"。

（6）图表上方添加标题"1～6 月销售额总表"。设置主要横坐标轴标题为"姓名"；主要纵坐标轴标题为"销售额总计"；图表中不显示"图例"和"主要横网格线"。操作结果如【效果图 13-4】所示。

【效果图 13-4】

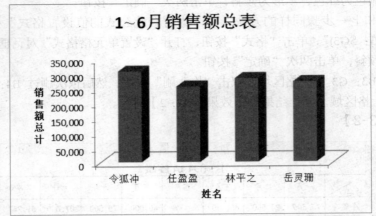

6. 自动筛选：在 Sheet2 工作表中筛选出"总计<310000 且总计>280000"的数据。

（1）选中 Sheet2 工作表中的任一单元格，单击"数据"功能区"排序和筛选"命令组中的"筛选"按钮。

（2）单击标题行"总计"右侧的下拉按钮，选择下拉列表中的"数据筛选/自定义筛选"命令，打开"自定义自动筛选方式"对话框，输入自动筛选条件"总计<310000 且总计>280000"，单击"确定"按钮。操作结果如【效果图 13-5】所示。

【效果图 13-5】

月 姓名	一月	二月	三月	四月	五月	六月	总计	月平均
令狐冲	15500	24560	65480	82500	40000	79500	307540	51257
林平之	75000	14567	26578	44000	85000	37500	282645	47108

7. 高级筛选：在 Sheet3 工作表中筛选出"总计>300000 或总计<280000"的数据。

（1）在 Sheet3 工作表中建立条件区域，条件区域中输入筛选条件"总计>300000 或总计<280000"。操作结果如【效果图 13-6】所示。

【效果图 13-6】

月 姓名	一月	二月	三月	四月	五月	六月	总计	月平均
令狐冲	15500	24560	65480	82500	40000	79500	307540	51257
任盈盈	68000	45126	24593	10000	68000	40000	255719	42620
林平之	75000	14567	26578	44000	85000	37500	282645	47108
岳灵珊	51500	24579	32178	26600	44900	91500	271257	45210
							总计	总计
							>300000	
								<280000

（2）选中 Sheet3 工作表中的任一单元格，单击"数据"功能区"排序和筛选"命令组中的"高级"按钮，打开"高级筛选"对话框。

（3）在"列表区域"框中选择或输入"$A$1:$I$5"，在"条件区域"框中选择或输入"$H$7:$I$9"，单击"确定"按钮。操作结果如【效果图 13-7】所示。

【效果图 13-7】

月 姓名	一月	二月	三月	四月	五月	六月	总计	月平均
令狐冲	15500	24560	65480	82500	40000	79500	307540	51257
任盈盈	68000	45126	24593	10000	68000	40000	255719	42620
岳灵珊	51500	24579	32178	26600	44900	91500	271257	45210
							总计	总计
							>300000	
								<280000

8. 数据排序：将 Sheet4 工作表以"总计"为主要关键字降序排列。

（1）选中 Sheet4 工作表中的任一单元格，单击"数据"功能区"排序和筛选"命令组中的"排序"按钮，打开"排序"对话框。

（2）在"主要关键字"框中选择"总计"，在"次序"框中选择"降序"，单击"确定"按钮。操作结果如【效果图 13-8】所示。

【效果图 13-8】

月 姓名	一月	二月	三月	四月	五月	六月	总计	月平均
令狐冲	15500	24560	65480	82500	40000	79500	307540	51257
林平之	75000	14567	26578	44000	85000	37500	282645	47108
岳灵珊	51500	24579	32178	26600	44900	91500	271257	45210
任盈盈	68000	45126	24593	10000	68000	40000	255719	42620

9. 建立超链接：将 A2 至 A5 单元格分别超链接到 Sheet2 至 Sheet5 工作表。

（1）选中 Sheet1 工作表中的 A3 单元格，单击"插入"功能区"链接"命令组中的"超链接"按钮，打开"插入超链接"对话框。

（2）单击"本文档中的位置"按钮，然后在"或在此文档中选择一个位置"框中选中"Sheet2"，单击"确定"按钮。

（3）利用同样的方法将 A4、A5 和 A6 单元格超链接到 Sheet3、Sheet4 和 Sheet5 工作表。操作结果如【效果图 13-9】所示。

【效果图 13-9】

月 姓名	一月	二月	三月	四月	五月	六月	总计	月平均
1~6月销售额								
令狐冲	15,500	24,560	65,480	82,500	40,000	79,500	307,540	51,257
任盈盈	68,000	45,126	24,593	10,000	68,000	40,000	255,719	42,620
林平之	75,000	14,567	26,578	44,000	85,000	37,500	282,645	47,108
岳灵珊	51,500	24,579	32,178	26,600	44,900	91,500	271,257	45,210
合　计	210,000	108,832	148,829	163,100	237,900	248,500		

第六章
演示文稿软件应用

一、单项选择题

1. PowerPoint 2010 的主要功能是（   ）。

   A. 制作演示文稿 B. 数据处理   C. 图像处理   D. 文字编辑

2. PowerPoint 2010 中，默认的演示文稿扩展名是（   ）。

   A. pptx   B. xlsx   C. txt   D. docx

3. PowerPoint 2010 提供的视图有（   ）种。

   A. 3   B. 4   C. 5   D. 6

4. PowerPoint 2010 中，幻灯片中占位符的作用是（   ）。

   A. 表示文本长度   B. 限制插入对象数量

   C. 表示图形大小   D. 为文本、图形预留位置

5. PowerPoint 2010 中，不可以编辑、修改幻灯片的视图是（   ）。

   A. 浏览   B. 普通   C. 大纲   D. 备注页

6. PowerPoint 2010 中，格式刷位于（   ）选项卡。

   A. 设计   B. 切换   C. 审阅   D. 开始

7. 给所有幻灯片设置相同背景，应单击"设置背景格式"对话框中的（   ）按钮。

   A. 全部应用   B. 应用   C. 关闭   D. 预览

8. 放映演示文稿时，要从第 4 张幻灯片直接跳转到第 10 张，应该使用（   ）。

   A. 添加动画   B. 添加超链接

   C. 添加幻灯片切换效果   D. 排练计时

9. 放映幻灯片时，要对幻灯片的放映具有完全控制权，应该使用（   ）。

   A. 演讲者放映   B. 观众自行浏览

   C. 展台浏览   D. 自动放映

10. 要在幻灯片中创建文本超链接，可以使用（   ）功能区中的"超链接"命令。

    A. 文件   B. 开始   C. 插入   D. 设计

11. PowerPoint 2010 中，演示文稿的基本组成单元是（   ）。

    A. 图形   B. 文本   C. 超链接   D. 幻灯片

12. 如果想在幻灯片中插入一张图片，应单击（   ）功能区中的"图片"按钮。

    A. 文件   B. 插入   C. 开始   D. 设计

13. PowerPoint 2010 中，对于幻灯片中插入音频的说法，错误的是（   ）。

    A. 可以循环播放，直到停止   B. 可以播完返回开头

    C. 可以自动播放   D. 放映时图标不能隐藏

14. 如果希望在演示文稿放映过程中终止放映，可以随时按（　　）键。
    A. ESC　　　　　　B. Alt+F4　　　　　　C. Ctrl+C　　　　　　D. Delete

15. 更换幻灯片背景颜色，可以使用"设置"功能区中的（　　）命令。
    A. 背景样式　　　　B. 颜色　　　　　　C. 字体　　　　　　D. 效果

16. 如果想在空白幻灯片中输入文本，需要在幻灯片中添加（　　）。
    A. 占位符　　　　　B. 文本框　　　　　C. 图文框　　　　　D. 直接输入文本

17. PowerPoint 2010 中，"页面设置"对话框可以设置（　　）。
    A. 幻灯片页面的对齐方式　　　　　　B. 幻灯片的页脚
    C. 幻灯片编号的起始值　　　　　　　D. 幻灯片的页眉

18. PowerPoint 2010 中，关于表格的说法，错误的是（　　）。
    A. 可以插入新行和新列　　　　　　　B. 不能合并和拆分单元格
    C. 可以改变列宽和行高　　　　　　　D. 可以给表格添加边框

19. 给演示文稿中的所有幻灯片添加相同的文本，可以在（　　）中完成。
    A. 普通视图　　　B. 幻灯片放映视图　　C. 幻灯片母版　　　D.幻灯片浏览视图

20. PowerPoint 2010 中，在幻灯片上建立超链接的说法，错误的是（　　）。
    A. 可以链接到其他幻灯片　　　　　　B. 可以链接到本页幻灯片
    C. 可以链接到其他演示文稿　　　　　D. 不可以链接到其他演示文稿

21. PowerPoint 2010 中，演示文稿中的每张幻灯片都是基于某种（　　）创建的。
    A. 视图　　　　　　B. 版式　　　　　　C. 母版　　　　　　D. 模板

22. PowerPoint 2010 中，放映幻灯片的快捷键是（　　）。
    A. F1　　　　　　　B. F5　　　　　　　C. F7　　　　　　　D. F8

23. 单击（　　）功能区中的"新建幻灯片"按钮，可以插入一张新幻灯片。
    A. 文件　　　　　　B. 开始　　　　　　C. 插入　　　　　　D. 视图

24. PowerPoint 2010 中，要选定多个图形，应（　　），然后单击每个图形。
    A. 先按住 Alt 键　　　　　　　　　　B. 先按住 Home 键
    C. 先按住 Shift 键　　　　　　　　　D. 先按住 Ctrl 键

25. 要在幻灯片中插入表格、图片、艺术字、音频等对象，应在（　　）中操作。
    A. "文件"选项卡　　　　　　　　　　B. "开始"选项卡
    C. "插入"选项卡　　　　　　　　　　D. "设计"选项卡

26. PowerPoint 2010 中，要对幻灯片母版进行修改，应该在（　　）中操作。
    A. "文件"选项卡　　　　　　　　　　B. "开始"选项卡
    C. "视图"选项卡　　　　　　　　　　D. "设计"选项卡

27. 选定了文字、图片等对象后，插入的超链接所链接的目标可以是（　　）。
    A. 硬盘中的文件　　　　　　　　　　B. 其他演示文稿
    C. 演示文稿中的某一张幻灯片　　　　D. 以上都可以

28. PowerPoint 2010 中，放映幻灯片时，幻灯片默认的切换方式是（　　）。
    A. 单击鼠标　　　B. 双击鼠标　　　　C. 右击鼠标　　　　D. 每隔时间

29. PowerPoint 2010 中，应用幻灯片版式后，幻灯片中的占位符（　　）。
    A. 不能添加，也不能删除　　　　　　B. 不能添加，但可以删除
    C. 可以添加，也可以删除　　　　　　D. 可以添加，但不能删除

30. PowerPoint 2010 中，插入新幻灯片时，默认的幻灯片版式是（　　）。
    A. 标题幻灯片　　B. 仅标题　　　　　C. 标题和内容　　　　D. 内容和标题

31. PowerPoint 2010 中，普通视图左侧的大纲窗格可以修改（　　）。
    A. 占位符中的文字　　　　　　　　B. 图表
    C. 自选图形　　　　　　　　　　　D. 文本框中的文字

32. PowerPoint 2010 中，放映当前幻灯片的快捷键是（　　）。
    A. F6　　　　　　　B. Shift+F6　　　　C. F5　　　　　　　D. Shift+F5

33. PowerPoint 2010 中，"文件"选项卡中的"新建"命令可以（　　）。
    A. 创建一个演示文稿　　　　　　　B. 插入一张新幻灯片
    C. 插入一个新超链接　　　　　　　D. 插入一个新备注

34. 制作完的演示文稿，如果以后打开时自动播放，应该保存的格式为（　　）。
    A. pptx　　　　　　B. ppsx　　　　　　C. docx　　　　　　D. xlsx

35. PowerPoint 2010 中，关于幻灯片动画效果的说法，不正确的是（　　）。
    A. 幻灯片中的每个对象可以进行动画设置
    B. 幻灯片中的文本对象可以设置打字机效果
    C. 幻灯片中的文本对象不能设置动画效果
    D. 动画顺序决定了对象在幻灯片中放映的先后次序

36. PowerPoint 2010 中，关于幻灯片放映的说法，错误的是（　　）。
    A. 可以自动放映，也可以人工放映
    B. 放映时可以只放映部分幻灯片
    C. 可以将动画出现设置为"在上一动画之后"
    D. 无循环放映选项

37. PowerPoint 2010 中，幻灯片的切换方式是指（　　）。
    A. 编辑新幻灯片时的过渡形式
    B. 编辑幻灯片时切换不同视图
    C. 编辑幻灯片时切换不同的设计模板
    D. 放映幻灯片时两张幻灯片之间的过渡形式

38. PowerPoint 2010 中，演示文稿与幻灯片的关系是（　　）。
    A. 演示文稿和幻灯片是同一个对象　　B. 幻灯片由若干个演示文稿组成
    C. 演示文稿由若干张幻灯片组成　　　D. 演示文稿和幻灯片没有联系

39. PowerPoint 2010 中，关于幻灯片母版的说法，错误的是（　　）。
    A. 在幻灯片母版中插入图片，所有幻灯片中都可以显示该图片
    B. 在幻灯片母板中插入编号，所有幻灯片中一定显示
    C. 在幻灯片母板中可以更改编号的格式及位置
    D. 使用幻灯片母板可以统一所有幻灯片的风格

40. PowerPoint 2010 中，关于插入图表的说法，错误的是（　　）。
    A. 可以通过复制和粘贴的方式插入图表
    B. 对不含图表占位符的幻灯片可以插入图表
    C. 只能在包含图表占位符的幻灯片中插入图表
    D. 可以双击幻灯片中的图表占位符插入图表

41. PowerPoint 2010 中，将幻灯片版式更改为"标题和竖排文字"，应选择（　　）。

　　A. "文件"选项卡　　　　　　　　　　B. "动画"选项卡

　　C. "开始"选项卡　　　　　　　　　　D. "插入"选项卡

42. 对于幻灯片中文本框内的文本，设置项目符号可以采用（　　）。

　　A. "格式"功能区中的"编辑"命令按钮

　　B. "格式"功能区中的"项目符号"命令按钮

　　C. "开始"功能区中的"项目符号"命令按钮

　　D. "插入"功能区中的"符号"命令按钮

43. 下述关于插入图片、文字、自选图形等对象的操作描述，正确的是（　　）。

　　A. 在幻灯片中插入的所有对象，均不能够组合

　　B. 在幻灯片中插入的对象如果有重叠，可以通过"叠放次序"调整显示次序

　　C. 在幻灯片备注页视图中无法绘制自选图形

　　D. 若选择"标题幻灯片"版式，则不可以向其中插入图形或图片

44. 如果要从第 2 张幻灯片跳转到第 8 张幻灯片，应使用"插入"功能区中的（　　）。

　　A. 超链接或动作　　　　　　　　　　B. 预设动画

　　C. 幻灯片切换　　　　　　　　　　　D. 自定义动画

45. PowerPoint 2010 中，在幻灯片中插入声音，幻灯片播放时（　　）。

　　A. 用鼠标单击声音图标，才能开始播放

　　B. 只能在有声音图标的幻灯片中播放，不能跨幻灯片连续播放

　　C. 只能连续播放声音，中途不能停止

　　D. 可以按需要灵活设置声音元素的播放

46. PowerPoint 2010 中，关于幻灯片中插入页眉/页脚的说法，正确的是（　　）。

　　A. 能对页眉/页脚进行格式化

　　B. 每一页幻灯片上都必须显示页眉/页脚

　　C. 页眉/页脚中的内容不能是日期和时间

　　D. 页眉/页脚中插入的日期和时间可以自动更新

47. PowerPoint 2010 中，幻灯片母版所起的作用主要是（　　）。

　　A. 设置幻灯片的放映方式

　　B. 定义幻灯片的打印页面设置

　　C. 设置幻灯片的切换方式

　　D. 统一设置整套幻灯片的标志图片或多媒体元素

48. PowerPoint 2010 中，对幻灯片进行自定义动画操作时，可以改变（　　）。

　　A. 幻灯片间切换的速度　　　　　　　B. 幻灯片的背景

　　C. 幻灯片中某一对象的动画效果　　　D. 幻灯片的设计模板

49. 要使幻灯片中的标题、图片等对象按要求的顺序出现，应进行的设置是（　　）。

　　A. 幻灯片放映方式　　　　　　　　　B. 自定义动画

　　C. 幻灯片中插入超链接　　　　　　　D. 幻灯片切换方式

50. PowerPoint 2010 提供的幻灯片模板（主题），主要解决幻灯片的（　　）。

　　A. 文字格式　　　B. 文字颜色　　　C. 背景图案　　　D. 以上全是

二、多项选择题

1. PowerPoint 2010 中,"幻灯片放映"功能区可以进行的操作有( )。
    A. 选择幻灯片的放映方式   B. 设置幻灯片的放映方式
    C. 设置幻灯片放映时的分辨率   D. 设置幻灯片的背景样式

2. PowerPoint 2010 中,在进行幻灯片动画设置时,可以设置的动画类型有( )。
    A. 进入   B. 强调   C. 退出   D. 动作路径

3. PowerPoint 2010 中,"切换"功能区可以进行的操作有( )。
    A. 设置幻灯片的切换效果   B. 设置幻灯片的换片方式
    C. 设置幻灯片切换效果的持续时间   D. 设置幻灯片的版式

4. PowerPoint 2010 中,属于"设计"功能区的操作命令有( )。
    A. 页面设置、幻灯片方向   B. 主题
    C. 动画   D. 背景样式

5. PowerPoint 2010 中,属于"插入"选项卡的操作命令的有( )。
    A. 表格、公式、符号   B. 图片、剪贴画、形状
    C. 图表、文本框、艺术字   D. 视频、音频

6. PowerPoint 2010 中,属于"开始"选项卡的操作命令的有( )。
    A. 粘贴、剪切、复制   B. 新建幻灯片、设置幻灯片版式
    C. 设置字体、段落格式   D. 查找、替换、选择

7. PowerPoint 2010 中,幻灯片自定义动画时,可以设置的动画效果有( )。
    A. 回旋   B. 飞入   C. 放大   D. 盒状

8. PowerPoint 2010 提供的母版有( )。
    A. 讲义母版   B. 幻灯片母版   C. 设计模板   D. 备注母版

9. PowerPoint 2010 中,可以通过单击鼠标( )播放下一张幻灯片。
    A. 右键或按左箭头键   B. 左键或用快捷菜单
    C. 右键或按右箭头键   D. 左键或按右箭头键

10. PowerPoint 2010 中,既能对单张幻灯片又能对所有幻灯片设置的是( )。
    A. 幻灯片背景   B. 主题或模板
    C. 幻灯片切换方式   D. 动作按钮

三、判断题

(   ) 1. 选择"文件"菜单中的"新建"命令可以创建一个空白演示文稿。

(   ) 2. PowerPoint 2010 中,放映幻灯片时可以只播放部分幻灯片。

(   ) 3. 可以将幻灯片中选定的对象链接到其他幻灯片中的某一对象。

(   ) 4. 演示文稿中的每张幻灯片可以使用不同的版式。

(   ) 5. PowerPoint 2010 中,双击数据图表可以进入图表编辑状态。

(   ) 6. 当改变一张幻灯片的主题后,所有幻灯片均自动采用新的主题。

(   ) 7. 幻灯片中的声音总是在播放到该幻灯片时自动播放。

(   ) 8. 在"动画窗格"中可以根据需要重新调整对象的播放顺序。

(   ) 9. PowerPoint 2010 中,通过打印预览可以查看幻灯片的打印效果。

(   ) 10. PowerPoint 2010 中,可以将动画出现设置为"在上一动画之后"。

（　　）11. PowerPoint 2010 中，选定的主题只能应用于所有的幻灯片。

（　　）12. PowerPoint 2010 中，必须从第一张幻灯片开始放映演示文稿。

（　　）13. 幻灯片中不仅可以插入剪贴画，还可以插入外部的图片文件。

（　　）14. PowerPoint 2010 中，演示文稿默认的扩展名为 ".pptx"。

（　　）15. PowerPoint 2010 中，幻灯片放映时观众可以看到备注内容。

（　　）16. PowerPoint 2010 中，幻灯片中多个对象重叠时，可以调整叠放次序。

（　　）17. PowerPoint 2010 中，功能区包括快速访问工具栏、选项卡和命令组。

（　　）18. PowerPoint 2010 中，幻灯片放映时可以显示占位符。

（　　）19. PowerPoint 2010 中，幻灯片中每个对象只能设置一种动画效果。

（　　）20. 幻灯片浏览视图中，可以对多张幻灯片进行删除、移动和复制等操作。

（　　）21. PowerPoint 2010 中，使用文本框可以在空白幻灯片上输入文本。

（　　）22. PowerPoint 2010 中，幻灯片切换效果在两张幻灯片之间切换时发生。

（　　）23. PowerPoint 2010 中，幻灯片中可以插入图片、声音、影片等信息。

（　　）24. PowerPoint 2010 中，幻灯片可以直接放映，也可以用打印机打印。

（　　）25. 幻灯片中插入的多媒体对象，不可以对其设置、控制播放方式。

（　　）26. PowerPoint 2010 中，"动画刷"工具可以快速设置相同的动画。

（　　）27. 改变幻灯片母版中的信息，演示文稿中的所有幻灯片将做相应改变。

（　　）28. PowerPoint 2010 中，可以将图片文件以链接的方式插入到幻灯片。

（　　）29. PowerPoint 2010 中，"演讲者放映"适合在展台或投影机上自动播放。

（　　）30. PowerPoint 2010 中，"打包成 CD"对话框可以指定文件夹存放位置。

四、习题答案

（一）单项选择题

1. A　2. A　3. B　4. D　5. D　6. D　7. A　8. B　9. A　10. C
11. D　12. B　13. D　14. A　15. A　16. B　17. C　18. B　19. C　20. D
21. B　22. B　23. C　24. D　25. C　26. D　27. D　28. A　29. B　30. C
31. A　32. D　33. C　34. B　35. C　36. D　37. D　38. C　39. B　40. C
41. C　42. B　43. B　44. A　45. D　46. D　47. D　48. C　49. B　50. D

（二）多项选择题

1. ABC　2. ABCD　3. ABC　4. ABD　5. ABCD　6. ABCD　7. ABCD
8. ABD　9. BD　10. AC

（三）判断题

1. 对　2. 对　3. 错　4. 对　5. 对　6. 对　7. 错　8. 对　9. 对　10. 对
11. 错　12. 错　13. 对　14. 对　15. 错　16. 对　17. 对　18. 错　19. 错　20. 对
21. 对　22. 对　23. 对　24. 对　25. 错　26. 对　27. 对　28. 对　29. 错　30. 对

五、实训题

实训一

实训目的：PowerPoint 2010 入门（一）。

实训内容：按要求完成以下操作。

1. 在桌面上启动 PowerPoint 2010。单击窗口右上角的"关闭"按钮退出。

2. 在"开始"菜单中启动 PowerPoint 2010，按 ALT+F4 组合键退出。

3. 将"新建""打开"和"快速打印"按钮添加到快速访问工具栏。

4. 打开演示文稿 lx1.pptx，然后在"大纲"窗格和"幻灯片"窗格之间切换。

5. 打开演示文稿 lx1.pptx，然后在四种视图模式之间切换。

实训二

实训目的：PowerPoint 2010 入门（二）。

实训内容：根据要求制作演示文稿，以文件名"实验报告.pptx"保存。

1. 幻灯片 1 制作要求。

（1）标题幻灯片。应用主题"流畅"模板，该主题应用于所有幻灯片。

（2）输入标题"沂河水质化验实验报告"。设置标题字体为华文新魏，字号为 48，水平居中。

（3）输入副标题"陈有力"。设置副标题字体为华文新魏，字号为 40，相对于占位符水平居中、垂直居中。

【效果图 2-1】

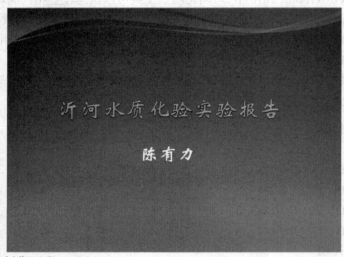

2. 幻灯片 2 制作要求。

（1）标题和内容幻灯片。

（2）输入标题"实验说明"。设置标题字体为宋体，字号为 48，相对于占位符水平居中、垂直居中。

（3）输入幻灯片中所示文本。设置文本字体为宋体，字号为 28，颜色为深蓝 RGB（0, 32, 96）。

（4）在"实验日期"后插入系统当前日期，格式如【效果图 2-2】所示。

3. 幻灯片 3 制作要求。

（1）标题和内容幻灯片。

（2）输入标题"备注与说明"。设置标题字体为宋体，字号为 48，相对于占位符水平居中、垂直居中。

【效果图 2-2】

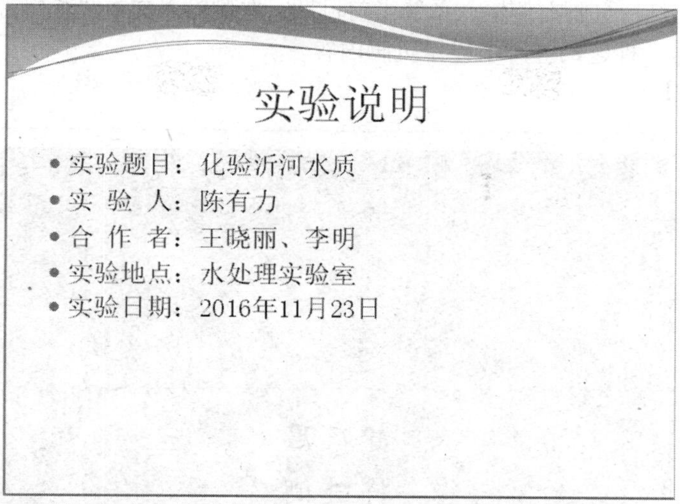

（3）输入文本。设置文本字体为宋体，字号为 28，颜色为深蓝 RGB（0，32，96）。

（4）在"取水人"后插入符号"★★★"；在"取水时间"后插入系统当前时间。

（5）插入水平文本框，在文本框中输入文本"本实验受沂沭河管理处委托"。设置文本字体为宋体，字号为 24，颜色为深蓝 RGB（0，32，96）。

【效果图 2-3】

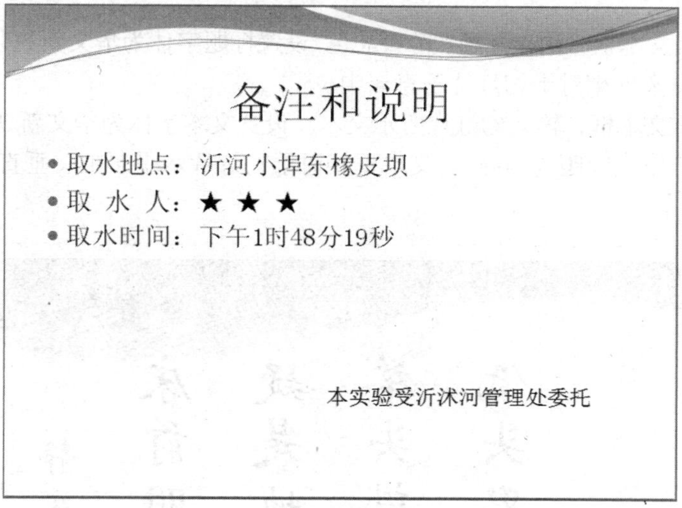

实训三

实训目的：PowerPoint 2010 入门（三）。

实训内容：根据要求制作演示文稿，以文件名"古诗二首.pptx"保存。

1. 幻灯片 1 制作要求。

（1）标题幻灯片。应用主题"波形"模板，该主题应用于所有幻灯片。

（2）输入标题"古诗二首"。设置标题字体为华文新魏，字号为 72，颜色为红色，水平居中。

（3）输入副标题"静夜思""将进酒"。设置副标题字体为华文新魏，字号为 40，颜色为蓝色，水平居中，两行文本之间的行距为 1.2 倍行距。

（4）在所有幻灯片页脚右侧输入系统当前日期，左侧输入文本"李白古诗二首欣赏"，中间显示幻灯片编号，标题幻灯片不显示页脚内容。

【效果图 3-1】

2. 幻灯片 2 制作要求。

（1）空白幻灯片。

（2）插入垂直文本框，输入标题"静夜思"。设置标题字体为华文新魏，字号为 48，颜色为红色，居中。文本框相对于幻灯片垂直居中。

（3）插入垂直文本框，输入幻灯片所示文本。设置文本字体为华文新魏，字号为 60，颜色为蓝色，居中，段前间距为 40 磅。文本框相对于幻灯片水平居中、垂直居中。

【效果图 3-2】

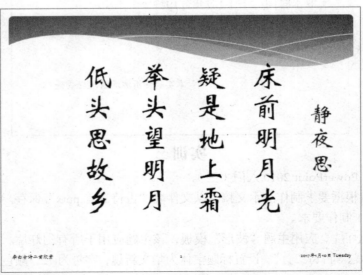

3. 幻灯片 3 制作要求。

（1）空白幻灯片。

（2）插入垂直文本框，输入标题"将进酒"。设置标题字体为华文新魏，字号为48，颜色为红色，居中。文本框相对于幻灯片垂直居中。

（3）插入垂直文本框，输入【样文1】所示文本。设置文本字体为宋体，字号为24，颜色为蓝色，行距为1.5倍行距。文本框相对于幻灯片水平居中、垂直居中。

【效果图3-3】

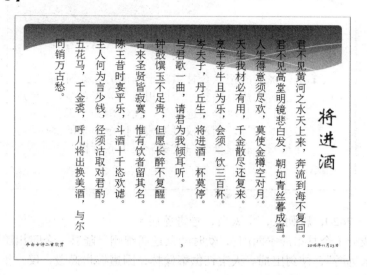

【样文1】

将进酒

君不见黄河之水天上来，奔流到海不复回。

君不见高堂明镜悲白发，朝如青丝暮成雪。

人生得意须尽欢，莫使金樽空对月。

天生我材必有用，千金散尽还复来。

烹羊宰牛且为乐，会须一饮三百杯。

岑夫子，丹丘生，将进酒，杯莫停。

与君歌一曲，请君为我倾耳听。

钟鼓馔玉不足贵，但愿长醉不复醒。

古来圣贤皆寂寞，惟有饮者留其名。

陈王昔时宴平乐，斗酒十千恣欢谑。

主人何为言少钱，径须沽取对君酌。

五花马，千金裘，呼儿将出换美酒，与尔同销万古愁。

4. 幻灯片4制作要求。

（1）标题和内容幻灯片。

（2）输入标题"作者简介"。设置标题字体为华文新魏，字号为48，颜色为红色，水平居中。

（3）输入【样文2】所示文本。设置文本字体为宋体，字号为28，颜色为蓝色，行距为1.2倍行距。

（4）幻灯片中两段文本使用如【效果图3-4】所示项目符号，项目符号大小为75%字高。

【效果图 3-4】

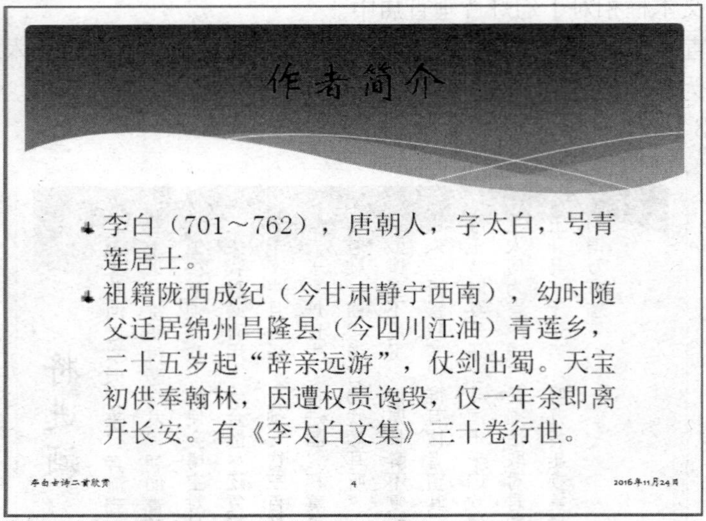

【样文 2】

李白（701～762），唐朝人，字太白，号青莲居士。

祖籍陇西成纪（今甘肃静宁西南），幼时随父迁居绵州昌隆县（今四川江油）青莲乡，二十五岁起"辞亲远游"，仗剑出蜀。天宝初供奉翰林，因遭权贵谗毁，仅一年余即离开长安。有《李太白文集》三十卷行世。

实训四

实训目的：修饰演示文稿。

实训内容：根据要求制作演示文稿，以文件名"介绍我自己.pptx"保存。

1. 幻灯片 1 制作要求。

（1）标题幻灯片。

（2）输入标题"介绍我自己"和副标题"张志飞"。

【效果图 4-1】

2. 幻灯片 2 制作要求。

（1）标题和内容幻灯片。

（2）输入标题"我的同学"和幻灯片所示文本。

【效果图 4-2】

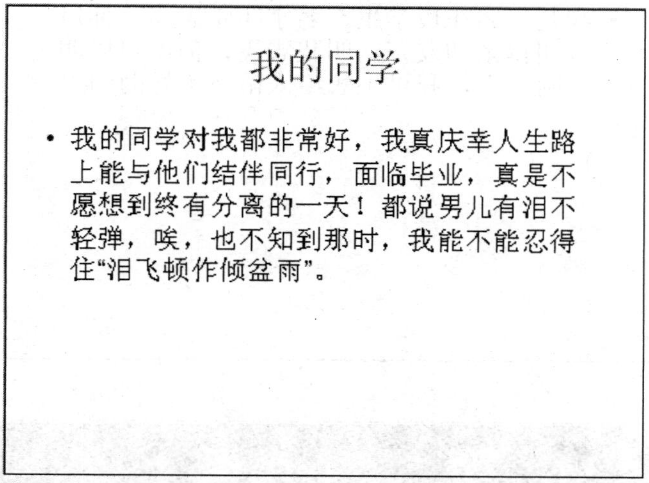

我的同学

- 我的同学对我都非常好，我真庆幸人生路上能与他们结伴同行，面临毕业，真是不愿想到终有分离的一天！都说男儿有泪不轻弹，唉，也不知到那时，我能不能忍得住"泪飞顿作倾盆雨"。

3. 幻灯片 3 制作要求。

（1）标题和内容幻灯片。

（2）输入标题"我的爱好"和幻灯片所示文本。

【效果图 4-3】

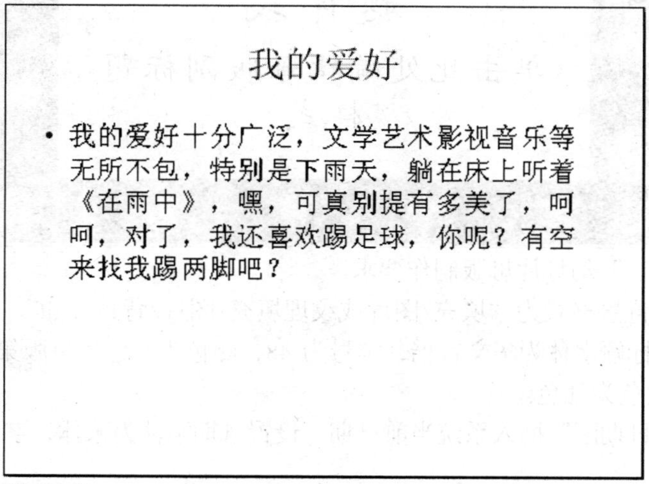

我的爱好

- 我的爱好十分广泛，文学艺术影视音乐等无所不包，特别是下雨天，躺在床上听着《在雨中》，嘿，可真别提有多美了，呵呵，对了，我还喜欢踢足球，你呢？有空来找我踢两脚吧？

4. 幻灯片 4 制作要求。

（1）标题和内容幻灯片。

（2）输入标题"我的情况"和幻灯片所示文本。

5. "标题幻灯片"母版制作要求。

（1）设置母版背景格式为"填充/图片或纹理填充/图片/背景 1.png"。

（2）设置母版标题字体为华文新魏，字号为 60，颜色为红色；母版副标题字体为楷体，字号为 44，颜色为蓝色。

【效果图 4-4】

> # 我的情况
>
> - 我是一名在校学生，名字叫张志飞，你可以叫得亲切友好，叫我志飞，但不可以叫"阿飞"，我可不想给人留下不好的印象。

【效果图 4-5】

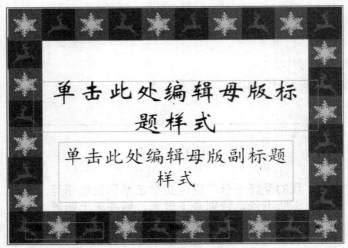

6."标题和内容"幻灯片母版制作要求。

（1）设置母版背景格式为"填充/图片或纹理填充/图片/背景 2.gif"。

（2）设置母版标题字体为华文行楷，字号为 48，颜色为蓝色。母版第一级文本字体为楷体，字号为 36，颜色为红色。

（3）在母版"日期区"插入系统当前日期。设置日期字体为宋体，字号为 20，颜色为蓝色，居中。

（4）在母版右下角插入水平文本框，文本框中输入文本"介绍我自己"。设置文本字体为宋体，字号为 20，颜色为蓝色，居中。

（5）设置母版中项目占位符高度为 12.3 厘米，宽度为 18.2 厘米，项目占位符相对于幻灯片水平居中。

（6）单击"幻灯片母版"功能区"关闭"命令组中的"关闭母版视图"按钮，将幻灯片母版设置效果应用于相应的幻灯片。幻灯片制作效果如【效果图 4-7】至【效果图 4-10】所示。

【效果图 4-6】

【效果图 4-7】

【效果图 4-8】

【效果图 4-9】

【效果图 4-10】

实训五

实训目的：编辑演示文稿对象（艺术字和图片）。

实训内容：根据要求制作演示文稿，以文件名"家庭画册.pptx"保存。

1. 幻灯片 1 制作要求。

（1）空白幻灯片。设置背景格式为"填充/图片或纹理填充/图片/5-1.jpg"。

（2）插入艺术字"家庭画册"，要求：艺术字库第 3 行第 2 列样式，字体为华文行楷，字号为 72。设置文本填充为"渐变填充/雨后初晴"，文本轮廓颜色为 RGB（151，129，85），文本轮廓粗细为 1.5 磅，艺术字文字竖排，相对于幻灯片上下居中。

（3）插入艺术字"童年的我""精美邮票""我的爱车"，要求：艺术字库第 3 行第 2 列样式，字体为华文行楷，字号为 44。

（4）设置艺术字"童年的我"文本填充为"渐变填充/彩虹出岫"，无轮廓颜色；艺术字"精美邮票"文本填充为 RGB（204，153，255），无轮廓颜色；设置艺术字"我的爱车"文本填充为"渐变填充/茵茵绿原"，无轮廓颜色。

（5）设置艺术字"童年的我""精美邮票""我的爱车"相对于幻灯片左右居中、纵向分布。

【效果图 5-1】

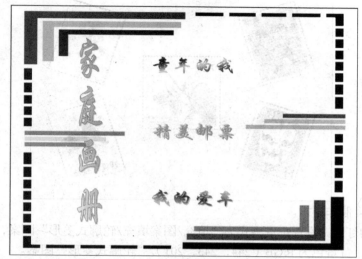

2. 幻灯片 2 制作要求。

（1）空白幻灯片。设置背景格式为"填充/渐变填充/双色"，颜色 1 为 RGB（153，204，0），颜色 2 为 RGB（253，207，220）。

（2）插入图片"5-2.jpg""5-3.jpg""5-4.jpg""5-5.jpg"，设置所有图片高度为 8 厘米，宽度为 10.8 厘米；图片样式为"柔化边缘椭圆"。上、下两张图片相对于幻灯片纵向分布，左、右两张图片相对于幻灯片横向分布。

【效果图 5-2】

3. 幻灯片 3 制作要求。

（1）空白幻灯片。设置背景格式为"填充/图片或纹理填充/图片/5-6.jpg"。

（2）插入图片"5-7.jpg"至"5-11.jpg"。设置"5-9.jpg"高度为 6.6 厘米，宽度为 6.6

厘米，相对于幻灯片水平居中、垂直居中，其余图片高度为6.6厘米，宽度为5厘米。"5-7.jpg""5-11.jpg"各旋转17°，"5-8.jpg""5-10.jpg"各旋转343°。

【效果图5-3】

4．幻灯片4制作要求。

（1）空白幻灯片。设置背景格式为"填充/图案填充/轮廓式菱形"图案，前景色为RGB（153，204，0），背景色为RGB（244，243，201），"轮廓式菱形"图案。

（2）插入图片"5-12.jpg""5-13.jpg""5-14.jpg""5-15.jpg"。设置图片高度为8厘米，宽度为10.8厘米；图片样式为"棱台形椭圆，黑色"；上、下两张图片相对于幻灯片纵向分布；左、右两张图片相对于幻灯片横向分布。

【效果图5-4】

实训六

实训目的：编辑演示文稿对象（自选图形、表格和图表）。

实训内容：根据要求制作演示文稿，以文件名"职业生涯规划.pptx"保存。

1．幻灯片1制作要求。

（1）标题幻灯片。设置背景格式为"填充/图片或纹理填充/纹理/信纸"，该背景应用于所有幻灯片。

（2）输入标题"在校学生职业生涯规划"。设置标题字体为华文新魏，字号为54，颜色为红色，居中。

（3）输入副标题"个人职业生涯规划分析"。设置副标题字体为华文新魏，字号为44，颜色为蓝色，居中。

【效果图6-1】

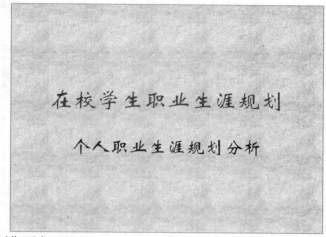

2. 幻灯片2制作要求。

（1）标题，文本与内容幻灯片。

（2）输入标题"职业生涯规划的基本原则"。设置标题字体为华文新魏，字号为48，颜色为红色，居中。

（3）输入幻灯片所示文本。设置文本字体为华文新魏，字号为40，颜色为蓝色。

（4）插入图片"图片.png"。设置图片样式为"剪裁对角线，白色"，缩放比例为110%，相对于幻灯片上下居中。

【效果图6-2】

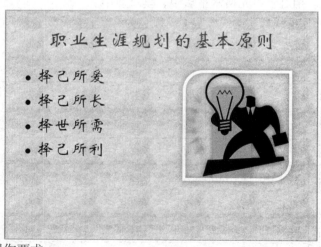

3. 幻灯片3制作要求。

（1）仅标题幻灯片。

（2）输入标题"职业生涯中的自我认定"。设置标题字体为华文新魏，字号为48，颜色为红色，居中。

（3）插入 4 个自选图形"椭圆"。设置"椭圆"高度为 3.6 厘米，宽度为 5.4 厘米；形状填充颜色为茶色（RGB（255，204，153）），形状轮廓颜色为红色，粗细为 1 磅。

（4）分别在 4 个"椭圆"上添加相应的文本，设置文本字体为华文新魏，字号为 28，颜色为蓝色。

（5）分别插入 3 个自选图形"箭头"。设置形状轮廓颜色为蓝色，粗细为 1 磅。

【效果图 6-3】

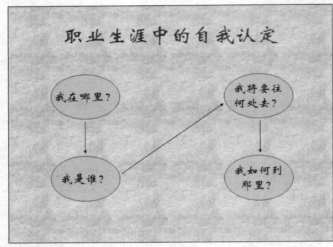

4. 幻灯片 4 制作要求。

（1）标题和内容幻灯片。

（2）输入标题"我的职业生涯规划"。设置标题字体为华文新魏，字号为 48，颜色为红色，居中。

（3）插入 6 行 4 列表格，在表格中输入幻灯片中所示文本。设置文本字体为宋体，字号为 24，颜色为蓝色，相对于单元格水平居中、垂直居中。

（4）设置表格外侧框线样式为"线型 1"，颜色为红色，宽度为 3 磅。内部框线样式为"线型 1"，颜色为红色，宽度为 1.5 磅。

【效果图 6-4】

我的职业生涯规划			
开始时间	2012年7月	2015年7月	2018年7月
终止时间	2015年6月	2018年6月	2021年6月
职业规划	销售代表	销售主管	销售经理
所需知识	产品销售知识	领导下属艺术	市场营销知识
所需技能	产品销售技巧	如何激励下属	如何制定计划
能力积累	与客户谈生意	团队领导能力	如何做大业务

5. 幻灯片 5 制作要求。

（1）标题和内容幻灯片。

（2）输入标题"搜索职业生涯规划"。设置标题字体为华文新魏，字号为 48，颜色为红色，居中。

（3）插入图表，图表类型为"饼图/三维饼图"，图表数据见【样表 6】。

【样表 6】

农民工	产业工人	公务员	技术人员	个体户	无业人员
43	35	2	7	5	8

（4）在图表上方添加标题"我国以职业分类为基础的六大阶层"。设置标题字体为宋体，字号为 28，颜色为蓝色。

（5）设置图表格式如下：图表区格式为"填充/渐变填充/预设颜色/铜黄色"；绘图区格式为"填充/图片或纹理填充/纹理/花束"；图例格式为"填充/图片或纹理填充/纹理/羊皮纸"；图例字体为宋体，字号为 18，颜色为蓝色；数据标签包括"百分比"，标签位置为"数据标签外"。

【效果图 6-5】

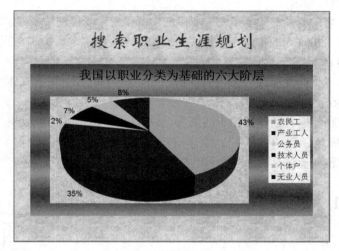

实训七

实训目的：编辑演示文稿对象（音频、视频、动作按钮和超链接）。

实训内容：根据要求制作演示文稿，以文件名"百年奥运.pptx"保存。

1. 幻灯片 1 制作要求。

（1）标题幻灯片。设置背景格式为"填充/图片或纹理填充/图片/雅典 1.jpg"。

（2）输入标题"百年奥运回归雅典"。设置标题字体为华文行楷，字号为 66，颜色为白色，居中。

（3）输入副标题"2004 年雅典奥运会专题报道"。设置副标题字体为华文新魏，字号为 36，颜色为黄色，居中。

（4）插入声音文件"雅典奥运会会歌.mp3"。设置声音动画效果为"自动播放""循环播放，直到停止""幻灯片放映时隐藏声音图标""跨页播放"。

（5）插入视频文件"雅典奥运会开幕式.wmv"。设置视频动画效果为"单击时""全屏幕播放"。

【效果图 7-1】

2. 幻灯片 2 制作要求。

（1）标题和内容幻灯片。设置背景格式为"填充/图片或纹理填充/纹理/羊皮纸"。

（2）输入标题"2004 年雅典奥运会专题报道"。设置标题字体为华文行楷，字号为 44，颜色为红色，居中。

（3）输入文本"雅典奥运会会徽与吉祥物"和"雅典简介"。设置文本字体为华文新魏，字号为 36，颜色为蓝色。

（4）在幻灯片底部插入动作按钮（结束），添加动作：单击时结束放映。动作按钮形状样式为"强烈效果–绿色，强调颜色 1"，动作按钮相对于幻灯片左右居中。

（5）将文字"雅典奥运会会徽与吉祥物"链接到第 3 张幻灯片，文字"雅典简介"链接到第 4 张幻灯片。

【效果图 7-2】

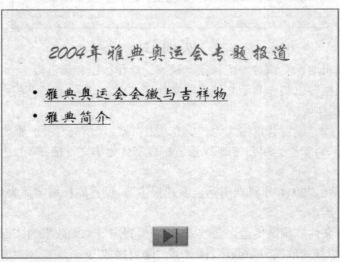

3. 幻灯片 3 制作要求。

（1）两栏内容幻灯片。设置背景格式为"填充/图片或纹理填充/纹理/羊皮纸"。

（2）输入标题"雅典奥运会会徽与吉祥物"。设置标题字体为华文行楷，字号为44，颜色为红色，居中。

（3）输入【样文7-1】中所示文本。设置文本字体为华文新魏，字号为32，蓝色。

（4）插入图片"会徽.jpg"和"吉祥物.jpg"。设置两张图片高度为7厘米，宽度为7厘米；图片样式为"简单框架，白色"（1行1列）；相对于幻灯片横向分布。

（5）选中图片"会徽.jpg"和"吉祥物.jpg"，使用"格式"功能区"调整"命令组中的"颜色/设置透明色"命令，将图片中的白色背景设置为透明色。

（6）在幻灯片底部插入动作按钮（自定义），添加动作：单击时返回到第2张幻灯片。动作按钮上添加文本"返回"，设置文本字体为宋体，字号为24，颜色为蓝色。动作按钮相对于幻灯片左右居中。

【样文7-1】

雅典奥运会会徽是由人手牵手环绕成为橄榄枝花冠，背景为爱琴海。

雅典奥运会吉祥物是由两个名为雅典娜和费沃斯的娃娃。

【效果图7-3】

4. 幻灯片4制作要求。

（1）标题，文本与内容幻灯片。设置背景格式为"填充/图片或纹理填充/纹理/羊皮纸"。

（2）输入标题"雅典简介"。设置标题字体为华文行楷，字号为44，红色，居中。

（3）输入【样文7-2】所示文本。设置文本字体为华文新魏，字号为28，蓝色。

（4）插入图片"雅典2.jpg"。设置图片"雅典2.jpg"高度为10厘米，宽度为9.25厘米；图片置于底层；图片样式为"映像圆角矩形（1行5列）"。

（5）插入艺术字"雅典奥运会的故乡"，要求：艺术字库第3行第2列样式，字体为华文行楷，字号为60；艺术字文本填充为"渐变填充/预设颜色/彩虹出岫"；无文本轮廓。艺术字相对于幻灯片水平居中、垂直居中；艺术字置于文字层下方。

（6）在幻灯片底部插入动作按钮（自定义），添加动作：单击时返回到第2张幻灯片。动作按钮上添加文本"返回"，设置文本字体为宋体，字号为24，颜色为蓝色。动作按钮相对于幻灯片左右居中。

【样文7-2】

雅典是希腊的首都，西方文明的发源地、现代奥林匹克运动的摇篮。坐落于希腊东南部的亚提加半岛，三面环山，城西南 8 公里的比雷埃夫港口为天然良港。现有人口 300 万，市内交通便利，风景如画。

【效果图7-4】

实训八

实训目的：设置幻灯片动画效果。

实训内容：根据要求制作演示文稿，以文件名"个人展示.pptx"保存。

1. 幻灯片 1 制作要求。

（1）标题幻灯片。设置背景格式为"图片或纹理填充/图片/背景.gif"，该背景应用于所有幻灯片。

（2）输入标题"有实力才有魅力"。设置标题字体为华文行楷，字号为60，红色。

（3）输入副标题"小雨的个人展示"。设置副标题字体为楷体，字号为40，蓝色。

（4）设置标题进入动画效果为十字形扩展、单击时、水平、快速。副标题进入动画效果为向内溶解、之后、快速、延迟 2 秒。

【效果图8-1】

2. 幻灯片 2 制作要求。

（1）标题，文本和内容幻灯片。

（2）输入标题"自我介绍"。设置标题字体为华文行楷，字号为60，红色，居中。

（3）输入幻灯片中所示文本。设置文本字体为楷体，字号为24，颜色为蓝色。

（4）插入图片"图片.JPG"。设置图片高度为8.4厘米，宽度为6.49厘米。

（5）设置标题进入动画效果为菱形、放大、之后、快速。文本进入动画效果为擦除、自左侧、之后、快速。图片进入动画效果为旋转、之后、中速。

【效果图 8-2】

3. 幻灯片 3 制作要求。

（1）标题和内容幻灯片。

（2）输入标题"个人简历"。设置标题字体为华文行楷，字号为60，红色，居中。

（3）插入 7 行 7 列表格。设置表格外边框样式为"线型 1"，颜色为红色，线宽为 3 磅；内框样式为"线型 1"，颜色为红色，线宽为 1.5 磅。

（4）在表格中输入【样表 8-1】所示文本。设置文本字体为宋体，字号为 18，颜色为蓝色，相对于单元格垂直居中。

（5）设置标题，进入动画效果为随机线条、水平、之后、快速。表格进入动画效果为基本缩放、放大、之后、中速。

【效果图 8-3】

【样表 8-1】

姓　　名	小雨	性　　别	男	出生年月	1988.8	照片
籍　　贯	临沂	学　　历	大专	民　　族	汉	
政治面貌	团员	联系电话	8188888	本人成分	学生	
个人简历	1、2004 年 9 月至 2007 年 6 月，读初中。 2、2007 年 9 月至 2010 年 6 月，读高中。					
求职愿望	希望从事会计、金融、财税等与财会相关的工作。					
获奖情况	在校期间获校级一等奖学金，多次被评为三好学生。					
个人素质	喜欢体育运动，吃苦耐劳，能熟练操作办公自动化软件。					

4. 幻灯片 4 制作要求。

（1）标题和内容幻灯片。

（2）输入标题"计算机应用能力示意图"。设置标题字体为华文行楷，字号为 60，颜色为红色，居中。

（3）插入图表，选择图表类型为"饼图/饼图"。图表数据如【样表 8-2】所示。

【样表 8-2】

计算机基础	办公自动化	课件制作	平面设计
80	90	90	85

（4）设置绘图区文本填充为"纹理/水滴"；图例文本填充为"纹理/纸莎草纸"；数据标签包括"值"，标签位置为"数据标签外"。

（5）设置标题，进入动画效果为向内溶解、之后、快速。图表进入动画效果为圆形扩展、缩小、之后、中速。

【效果图 8-4】

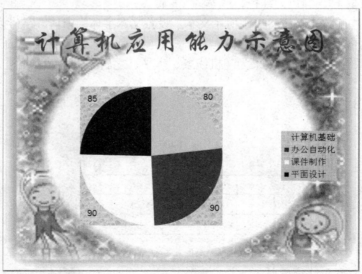

5. 幻灯片 5 制作要求。

（1）标题和内容幻灯片。

（2）输入标题"我的格言"。设置标题字体为华文行楷，字号为 60，颜色为红色。

（3）输入【样文 1】所示文本。设置文本字体为楷体，字号为 32，颜色为蓝色，行距为 1.5 倍行距。

（4）设置标题，进入动画效果为缩放、之后、快速；文本进入动画效果为随机线条、水平、之后、快速。

【样文 8】

人们常说："有实力才能有魅力"，我以为，有实力未必能展示出魅力，只有获得展示的平台才可能有展示的机会。古希腊学者阿基米德曾说过，给我一个支点，我可以撬起整个地球。而我要说："给我一个机会，我可以创造我们辉煌的明天"。

【效果图 8-5】

实训九

实训目的：播放演示文稿。

实训内容：根据要求制作演示文稿，以文件名"精美卡片.pptx"保存。

1. 幻灯片 1 制作要求。

（1）空白幻灯片。设置背景格式为"填充/图片或纹理填充/图片/图片 1.png"。

（2）在幻灯片上方和下方各插入"图片 2.png"，中间插入"图片 3.png"。"图片 3.png"相对于幻灯片水平居中、顶端对齐。

（3）插入水平文本框，输入文本"大展鸿图·财源滚滚"。设置文本字体为宋体，字号为 40，颜色为白色，加粗，分散对齐。文本框相对于幻灯片水平居中。

（4）插入声音"同一首歌.mp3"。设置声音动画效果为"自动播放""循环播放，直到停止""幻灯片放映时隐藏声音图标""跨页播放"。

（5）设置上方"图片 2.png"进入动画效果为擦除、自左侧、之后、中速。下方"图片 2.PNG"进入动画效果为擦除、自右侧、之后、中速。中间"图片 3.PNG"进入动画效果为旋转、之后、慢速。文本进入动画效果为飞入、自右侧、之后、中速。

（6）设置幻灯片切换效果为百叶窗、水平、自动换片时间 8 秒。

【效果图 9-1】

2. 幻灯片 2 制作要求。

（1）空白幻灯片。设置背景格式为"填充/渐变填充/双色"，颜色 1 为 RGB（211，1，169），颜色 2 为 RGB（123，1，88）。

（2）在幻灯片上方插入"图片 4.png"，右侧插入"图片 5.png"，两张图片交叉位置插入"图片 6.png"，左下方插入"图片 7.png"。"图片 6.png"相对于幻灯片顶端对齐、右对齐，"图片 7.png"相对于幻灯片左对齐、底端对齐。

（3）插入水平文本框，输入文本"志明:""情人节快乐!""爱你的春娇"。设置文本字体为宋体，白色，加粗，字号为 28、36、28，行距为 1 行，段前间距为 0.5 行。

（4）设置"图片 4.png"进入动画效果为擦除、自左侧、之后、中速。"图片 5.png"进入动画效果为擦除、自底部、之后、中速。"图片 6.png"进入动画效果为缩放、之后、对象中心、快速。"图片 7.png"进入动画效果为随机线条、水平、之后、中速。文本进入动画效果为向内溶解、之后、中速。

（5）设置幻灯片切换效果为百叶窗、垂直、自动换片时间 8 秒。

【效果图 9-2】

3. 幻灯片 3 制作要求。

（1）空白幻灯片。设置背景格式为"填充/渐变填充/双色"，颜色 1 为 RGB（255，205，229），颜色 2 为 RGB（255，171，211）。

（2）在幻灯片左侧插入"图片 8.png"，右侧插入"图片 9.png"。"图片 8.png"相对于幻灯片垂直居中，"图片 9.png"位置如【效果图 9-3】所示。

（3）插入水平文本框，输入文本"祝您母亲节快乐！""小华敬上"。设置文本字体为宋体，字号为 32，颜色为红色，加粗，行距为 1 行，段前间距为 1 行。

（4）设置"图片 8.png"进入动画效果为百叶窗、水平、之后、中速。"图片 9.png"进入动画效果为菱形、放大、之后、中速。文本动画效果为伸展、跨越、之后、中速。

（5）设置幻灯片切换效果为淡出、全黑、自动换片时间 8 秒。

【效果图 9-3】

4. 幻灯片 4 制作要求。

（1）空白幻灯片。设置背景格式为"填充/图片或纹理填充/纹理/新闻纸"。

（2）在幻灯片上方插入"图片 10.png"，下方插入"图片 11.png"，中间位置插入"图片 12.png"。"图片 10.png"相对于幻灯片水平居中、顶端对齐，"图片 11.png"相对于幻灯片水平居中、顶端对齐，"图片 12.png"相对于幻灯片水平居中、垂直居中。

（3）插入水平文本框，输入【文本 1】"Best Wish For You"。设置文本字体为宋体，字号为 24，颜色为黄色，加粗，分散对齐。文本框相对于幻灯片水平居中。

（4）插入水平文本框，输入【文本 2】"多日不见！""近来可好？""大牛敬上！"。设置文本字体为华文新魏，字号为 44，颜色分别为红色、蓝色、RGB（0，128，0），加下划线，倾斜。文本框相对于幻灯片水平居中、垂直居中。

（5）设置【文本 1】进入动画效果为滑翔、之后、中速；"图片 12.png"动画效果为螺旋飞入、之后、中速；【文本 2】动画效果为缩放、之后、中速。

（6）设置幻灯片切换效果为随机线条、垂直、自动换片时间 8 秒。

【效果图 9-4】

5. 幻灯片 5 制作要求。

（1）空白幻灯片。设置背景格式为"填充/图片或纹理填充/图片/图片 13.png"。

（2）插入"图片 14.png"。图片相对于幻灯片水平居中。

（3）插入水平文本框，输入【文本 1】"圣诞快乐！""春娇敬上"。设置文本字体为宋体，字号为 28，颜色为红色。文本框相对于幻灯片水平居中。

（4）插入水平文本框，输入【文本 2】"MERRY CHRISTMAS"。设置文本字体为宋体，字号为 20，颜色为 RGB（0，128，0），加粗，分散对齐。文本框相对于幻灯片水平居中。

（5）设置"图片 14.png"进入动画效果为缩放、之后、中速；【文本 1】进入动画效果为向内溶解、之后、中速；【文本 2】进入动画效果为颜色打字机、之后、0.08 秒。

（6）设置幻灯片切换效果为向上擦除、慢速、每隔 8 秒。

【效果图 9-5】

实训十

实训目的：综合实训一。

实训内容：根据要求制作演示文稿，以文件名"公司产品发布.pptx"保存。

1. 幻灯片母版制作要求。

（1）幻灯片母版。设置背景格式为"填充/渐变填充/预设颜色/红日西斜"。

（2）设置母版标题字体为楷体，字号为48，颜色为黄色，添加文字阴影，加粗。母版第一级文本字体为楷体，字号为32，颜色为白色，加粗，第一级文本项目符号颜色为白色。

（3）在母版"日期区"插入系统当前日期，在"页脚区"输入文本"益智软件科技公司制作"。设置日期和文本字体为宋体，字号为20，颜色为黄色，加粗，居中。

（4）插入"图片1.jpg"，将图片置于最底层。插入"图片2.gif"，设置"图片2.gif"高度为3.93厘米，宽度为7.41厘米，相对于幻灯片右对齐、底端对齐。

（5）设置母版标题进入动画效果为渐入、之后、快速，母版文本进入动画效果为淡出、之后、快速。

【效果图10-1】

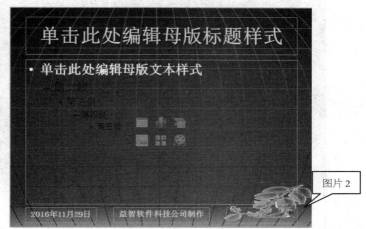

2. 幻灯片1制作要求。

（1）标题和内容幻灯片。输入标题"益智软件新产品发布会"和相应的文本。

（2）插入声音文件"背景音乐.mp3"，设置声音动画效果为自动播放、跨页播放。

（3）插入艺术字"欢迎光临"，要求：艺术字库第3行第4列样式，字体为华文行楷，字号为80，相对于幻灯片水平居中。进入动画效果为飞入、自底部、之后、快速。

（4）设置幻灯片切换效果为切出、单击鼠标时。

【效果图10-2】

3. 幻灯片 2 制作要求。

（1）标题，文本与内容幻灯片。输入标题"益智软件公司文化理念"和幻灯片中所示文本。

（2）插入"图片 3.jpg"。设置"图片 3.jpg"相对于幻灯片垂直居中。

（3）设置幻灯片切换效果为淡出、单击鼠标时。

【效果图 10-3】

4. 幻灯片 3 制作要求。

（1）标题和内容幻灯片。输入标题"益智软件公司新产品介绍"。

（2）插入 2 行 4 列表格，设置表格内、外边框样式为"线型 1"，颜色为黄色，线宽为 1 磅。输入表格所示文本，设置文本字体为宋体，字号为 32，颜色为白色，加粗。

（3）将文本"注册使用"超链接到第 5 张幻灯片。

（4）设置表格进入动画效果为棋盘、跨越、之后、快速。

（5）设置幻灯片切换效果为横向棋盘、单击鼠标时。

【效果图 10-4】

益智软件公司新产品介绍

类别	名称	简介	备注
管理软件	企业即时通讯软件	适用于中小型企业管理	注册使用

2014年5月13日　　益智软件科技公司制作

5. 幻灯片 4 制作要求。

（1）标题和内容幻灯片。输入标题"软件新产品市场分析"。

（2）插入图表，图表类型为"柱形图/三维簇状柱形图"，图表数据由【样表 10】提供。

【样表 10】

年份	2004 年	2005 年	2006 年	2007 年	2008 年
投资额（亿元）	500	620	790	1010	1280

（3）输入图表标题"2004-2008 年全国软件资产投资"。设置图表标题字体为宋体，字号为 28，颜色为黄色，加粗。设置图例字体为宋体，字号为 28，颜色为黄色，加粗，图例位置为"底部"。设置坐标轴字体颜色为黄色，数值轴字体颜色为黄色。

（4）设置幻灯片切换效果为棋盘、单击鼠标时。

【效果图 10-5】

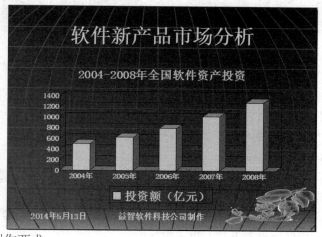

6. 幻灯片 5 制作要求。

（1）仅标题幻灯片。输入标题"益智新产品注册流程"。

（2）插入自选图形"矩形"。设置自选图形"矩形"文本填充颜色为 RGB（204，255，204），无文本轮廓，自选图形高度为 2 厘米，宽度为 5.4 厘米。自选图形上添加文本"申请企业邮箱"，设置文本字体为宋体，字号 24，颜色为蓝色。

（3）插入自选图形"右箭头"。设置自选图形"右箭头"文本填充颜色为 RGB（204，255，204），无文本轮廓；自选图形高度为 1 厘米，宽度为 2 厘米。

（4）利用同样的方法插入其他 5 个自选图形"矩形"和 4 个自选图形"箭头"，6 个自选图形"矩形"和 5 个自选图形"箭头"格式分别相同。

（5）在幻灯片底部插入自选图形"星与旗帜/前凸带形"，自选图形上添加文本"返回"，设置文本字体为宋体，字号为 20，颜色为蓝色，自选图形相对于幻灯片水平居中。自选图形上添加动作：单击时，返回到第 1 张幻灯片。

（6）设置上方 3 个自选图形"矩形"和 3 个"箭头"的进入动画效果为飞入、自顶部、之后、快速。下方 3 个自选图形"矩形"和 2 个"箭头"的进入动画效果为飞入、自底部、之后、快速。

（7）设置幻灯片切换效果为时钟、单击鼠标时。

【效果图 10-6】

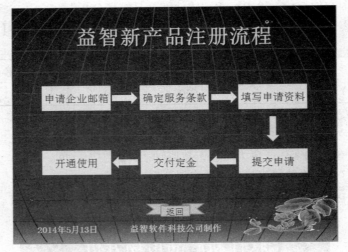

实训十一

实训目的：综合实训二。

实训内容：根据要求制作演示文稿，以文件名"黄山风景.pptx"保存。

1. 幻灯片 1 制作要求。

（1）仅标题幻灯片。设置背景格式为"填充/渐变填充/双色"，颜色 1 为 RGB（153，204，0），颜色 2 为 RGB（255，204，255），该背景应用于所有幻灯片。

（2）输入标题"黄山风景"。设置标题字体为华文行楷，字号为 60，颜色为蓝色，相对于幻灯片水平居中、垂直居中。标题进入动画效果为下拉、之后、中速。

（3）插入声音"背景音乐.mp3"。设置声音动画效果为自动播放、跨页播放。

（4）设置幻灯片切换效果为形状、单击鼠标时。

【效果图 11-1】

2. 幻灯片 2 制作要求。

（1）空白幻灯片。

（2）插入水平文本框，输入【效果图 11-2】所示文本。设置文本字体为华文行楷，字号为 40，颜色为蓝色，文本框相对于幻灯片水平居中、垂直居中。

（3）插入自选图形"矩形"，得到"矩形 1"。设置"矩形 1"高度为 4 厘米，宽度为 25.4 厘米，形状填充为"填充/幻灯片背景填充"，无形状轮廓颜色，相对于幻灯片水平居中、顶端对齐。

（4）复制"矩形 1"，得到"矩形 2"。"矩形 2"相对于幻灯片水平居中、底端对齐。

【效果图 11-2】

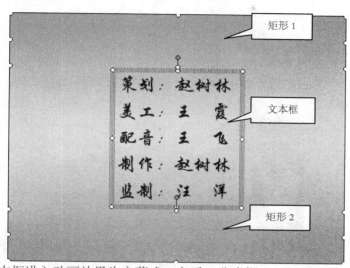

（5）设置文本框进入动画效果为字幕式、之后、非常慢。

（6）设置幻灯片切换效果为形状、单击鼠标时。

【效果图 11-3】

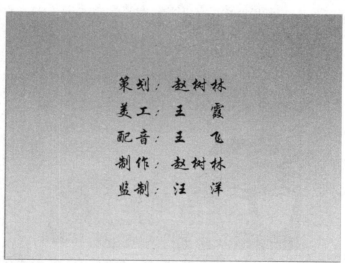

3．幻灯片 3 制作要求。

（1）仅标题幻灯片。

（2）输入标题"五岳归来不看山，黄山归来不看岳"。设置标题字体为华文行楷，字号为 40，颜色为蓝色。标题进入动画效果为缓慢进入、自右侧、之后、慢速。

（3）插入图片"黄山.JPG"。设置图片高度为 9 厘米，宽度为 19.5 厘米，相对于幻灯片水平居中、垂直居中。图片进入动画效果为螺旋飞入、之后、中速。

（4）插入第 1 个水平文本框。设置文本框高度为 4.2 厘米，宽度为 19.5 厘米。文本框中输入【样文 11-1】所示文本，设置文本字体为宋体，字号为 24，颜色为红色，文本框相对于幻灯片水平居中。

（5）设置文本框进入动画效果为飞入、自右侧、之后、中速。选择"效果选项"命令，打开"飞入"对话框，在"增强"区域中的"动画文本"下拉列表选择"按字母"，设置"按字母"进入的文本延迟时间为"10%"。

【效果图 11-4】

（6）插入自选图形"矩形"。大小与第 1 个水平文本框相同，得到"矩形 3"。设置"矩形 3"形状填充为"填充/幻灯片背景填充"，无形状轮廓颜色，相对于幻灯片水平居中。"矩形 3"进入动画效果为向内溶解、之后、快速。

【效果图 11-5】

（7）插入第 2 个水平文本框，设置文本框高度为 4.2 厘米，宽度为 19.5 厘米。文本框中输入【样文 11-2】所示文本，设置文本字体为宋体，字号为 24，颜色为红色。文本框相对于幻灯片水平居中。

【效果图 11-6】

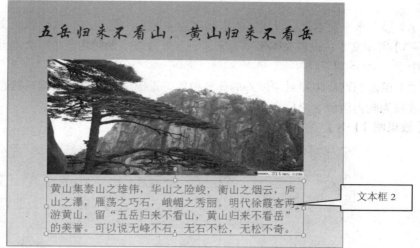

五岳归来不看山，黄山归来不看岳

黄山集泰山之雄伟，华山之险峻，衡山之烟云，庐山之瀑，雁荡之巧石，峨嵋之秀丽。明代徐霞客两游黄山，留"五岳归来不看山，黄山归来不看岳"的美誉。可以说无峰不石，无石不松，无松不奇。

文本框 2

（8）设置文本框进入动画效果为飞入、自底部、之后、中速。选择"效果选项"命令，打开"飞入"对话框，在"增强"区域中的"动画文本"下拉列表中选择"按字母"，设置"按字母"进入的文本延迟时间为"10%"。

（9）设置幻灯片切换效果为形状、单击鼠标时。

【效果图 11-7】

五岳归来不看山，黄山归来不看岳

黄山集泰山之雄伟，华山之险峻，衡山之烟云，庐山之瀑，雁荡之巧石，峨嵋之秀丽。明代徐霞客两游黄山，留"五岳归来不看山，黄山归来不看岳"的美誉。可以说无峰不石，无石不松，无松不奇。

　4．幻灯片 4 制作要求。

（1）仅标题幻灯片。

（2）输入标题"黄山四绝"。设置标题字体为华文行楷，字号为 48，颜色为蓝色。标题进入动画效果为飞入、自顶部、之后、中速。

（3）单击"插入"功能区"文本"命令组中的"对象"按钮，打开"插入对象"对话框，在"对象类型"框中选择"Microsoft PowerPoint 演示文稿"选项，单击"确定"按钮，插入一个演示文稿对象，选择幻灯片版式为"仅标题幻灯片"。

（4）输入标题"奇松"。设置标题字体为华文新魏，字号为 44，颜色为红色。

（5）插入图片"奇松.jpg"。设置图片高度为 9 厘米，宽度为 16 厘米，相对于幻灯片水平居中。

（6）插入水平文本框。设置文本框高度为 4 厘米，宽度为 19.5 厘米。文本框中输入【样文 11-3】所示文本，设置文本字体为宋体，字号为 28，颜色为蓝色。文本框相对于幻灯片水平居中。

（7）单击幻灯片中除对象以外的任意位置，退出演示文稿对象编辑状态。设置对象进入动画效果为向内溶解、之后、中速。

【效果图 11-8】

（8）利用同样方法插入黄山其他三绝，然后适当调整四个对象的大小和位置。

（9）设置幻灯片切换效果为棋盘，单击鼠标时。

【效果图 11-9】

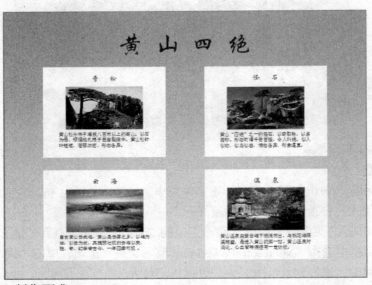

5. 幻灯片 5 制作要求。

（1）仅标题幻灯片。

（2）输入标题"谢谢观看！"。设置标题字体为华文行楷，字号为 60，颜色为红色，标题占位符相对于幻灯片水平居中、垂直居中。

（3）设置标题，进入动画效果为挥鞭式、之后、中速。

【效果图 11-10】

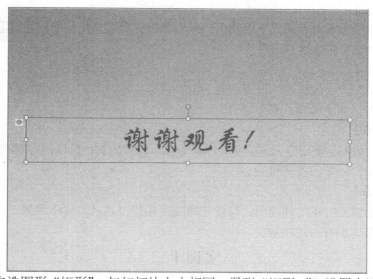

（4）插入自选图形"矩形"，与幻灯片大小相同，得到"矩形 4"。设置自选图形形状填充颜色为黑色，无形状轮廓颜色，相对于幻灯片水平居中、垂直居中。

（5）设置自选图形进入动画效果为楔入、之后、中速。

（6）设置幻灯片切换效果为溶解、单击鼠标时。

【效果图 11-11】

矩形 4

【样文 11-1】

黄山风景区（Huangshan Mountain）是中国著名风景区之一，世界游览胜地，位于安徽省南部黄山市。主峰莲花峰，海拔 1864.8 米。黄山处于亚热带季风气候区内，由于山高谷深，气候呈垂直变化。

【样文 11-2】

黄山集泰山之雄伟，华山之险峻，衡山之烟云，庐山之瀑，雁荡之巧石，峨嵋之秀丽。明代徐霞客两游黄山，留"五岳归来不看山，黄山归来不看岳"的美誉。可以说无峰不石，无石不松，无松不奇。

【样文 11-3】

黄山松分布于海拔八百米以上的高山，以石为母，顽强地扎根于巨岩裂隙中。黄山松针叶粗短，苍翠浓密，形态各异。

【样文 11-4】

黄山"四绝"之一的怪石，以奇取胜，以多著称。形态可谓千奇百怪，令人叫绝。似人似物，似鸟似兽，情态各异，形象逼真。

【样文 11-5】

自古黄山云成海，黄山是云雾之乡，以峰为体，以云为衣，其瑰丽壮观的云海以美、胜、奇、幻享誉古今，一年四季皆可观。

【样文 11-6】

黄山温泉由紫云峰下喷涌而出，与桃花峰隔溪相望，是进入黄山的第一站。黄山温泉对消化、心血管等病症有一定功效。

实训十二

实训目的：综合实训三。

实训内容：根据要求制作演示文稿，以文件名"动感画卷.pptx"保存。

1. 幻灯片 1 制作要求。

（1）仅标题幻灯片。设置背景格式为"填充/渐变填充/双色"，颜色 1 为 RGB（255，255，255），颜色 2 为 RGB（255，255，0），该背景应用于所有幻灯片。

（2）输入标题"鲜橙饮料"。设置标题字体为华文彩云，字号为 54，加粗，颜色为 RGB（254，170，18）。

（3）插入水平文本框，在文本框中输入文本"滋味尽在其中"。设置文本字体为华文行楷，字号为 32，颜色为蓝色。

（4）插入图片"1.jpg"。设置图片缩放比例为 140%，相对于幻灯片左对齐、底端对齐。选中图片"1.jpg"，使用"格式"功能区"调整"命令组中的"颜色/设置透明色"命令，将其白色背景设置为透明。

（5）插入图片"2.jpg"，设置图片缩放比例为 65%，相对于幻灯片右对齐、底端对齐。选中图片"2.jpg"，使用"设置透明色"命令，将其白色背景设置为透明。

（6）插入自选图形"矩形"，得到"矩形 1"。设置"矩形 1"形状填充颜色为 RGB（255，204，0），无形状轮廓，高度为 0.3 厘米，宽度为 25.41 厘米，相对于幻灯片水平居中。

（7）在"矩形 4"上方插入图片"3.jpg""4.jpg"。设置图片缩放比例为 65%。选中图片"3.jpg""4.jpg"，使用"设置透明色"命令将其白色背景设置为透明。

（8）在"矩形 4"和图片"2.jpg"交叉处插入图片"5.jpg"，设置图片缩放比例为 15%。选中图片"5.jpg"，使用"设置透明色"按钮将其白色背景设置为透明。

（9）在幻灯片左上角插入图片"6.jpg"。设置图片缩放比例为 155%。选中图片"6.jpg"，使用"设置透明色"命令将其白色背景设置为透明。

【效果图 12-1】

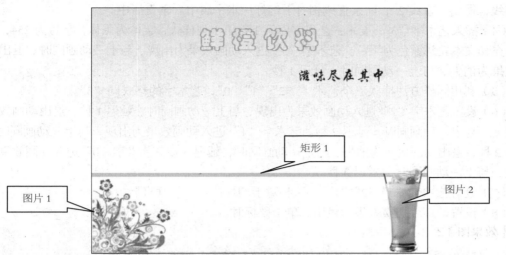

（10）在幻灯片右上角插入图片"7.jpg"。设置图片缩放比例为185%。选中图片"7.jpg"，使用"设置透明色"命令将其白色背景设置为透明。

（11）设置图片"3.jpg"进入动画效果为飞入、自左侧、单击时、中速；强调动画效果为陀螺旋、顺时针、与上一动画同时、中速。图片"4.jpg"进入动画效果为飞入、自右侧、与上一动画同时、中速；强调动画效果为陀螺旋、逆时针、与上一动画同时、中速。

（12）设置图片"5.jpg"进入动画效果为飞入、自左侧、与上一动画同时、中速。"6.jpg"进入动画效果为飞旋、之后、中速。"7.jpg"进入动画效果为阶梯状、右上、与上一动画同时、中速。文本"滋味尽在其中"进入动画效果为弹跳、之后、中速。

【效果图 12-2】

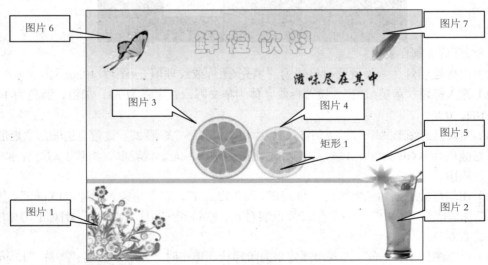

2．幻灯片 2 制作要求。

（1）空白幻灯片。

（2）插入图片"8.jpg"。设置图片高度为 19.06 厘米，宽度为 25.41 厘米，相对于幻灯片水平居中、垂直居中。图片"8.jpg"进入动画效果为轮子、与上一动画同时、1、快速、重复 4 次。

（3）插入一条与幻灯片等宽的水平直线，得到"直线1"。再插入一条与幻灯片等高的垂直直线，得到"直线2"，两条直线相对于幻灯片水平居中、垂直居中。

（4）插入艺术字"3"，要求：艺术字库第1行第1列样式，字体为黑体，字号为254，文本填充和文本轮廓颜色为黑色。艺术字"3"进入动画效果为出现、与上一动画同时、退出动画效果为消失、与上一动画同时，延迟1秒。

（5）利用同样方法插入三个艺术字"2""1""0"，艺术字的格式同"3"。

（6）设置艺术字"2"进入动画效果为出现、与上一动画同时、延迟1秒，退出动画效果为消失、与上一动画同时，延迟2秒。艺术字"1"进入动画效果为出现、与上一动画同时、延迟2秒、退出动画效果为消失、与上一动画同时，延迟3秒。艺术字"0"进入动画效果为出现、与上一动画同时、延迟3秒。

（7）设置艺术字"3""2""1""0"相对于幻灯片水平、垂直居中。

（8）设置幻灯片切换效果为淡出、单击鼠标时。

【效果图12-3】

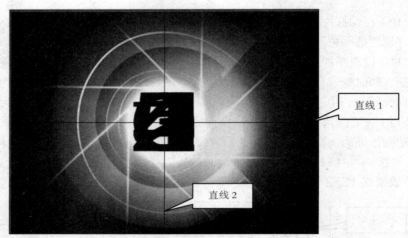

3. 幻灯片3制作要求。

（1）仅标题幻灯片。设置背景格式为"填充/图片或纹理填充/图片/10.jpg"。

（2）输入标题"落英缤纷"。设置标题字体为华文彩云，字号为54，加粗，颜色为RGB（255，102，0）。

（3）插入自选图形"矩形"，大小与幻灯片相同，得到"矩形2"。设置自选图形"矩形2"形状填充颜色为RGB（255，153，204），透明度为70%，无形状轮廓，相对于幻灯片水平居中、垂直居中。

（4）在幻灯片左上角插入图片"11.emf"和"12.emf"，右上角插入图片"13.png"。图片"11.emf"和图片"12.emf"相对于幻灯片顶端对齐、左对齐，图片"13.png"相对于幻灯片顶端对齐、右对齐。

（5）设置图片"11.emf"进入动画效果为阶梯状、单击时、左下、慢速；图片"12.emf"进入动画效果为阶梯状、右下、上一动画之后、慢速。

（6）设置图片"11.emf"强调动画效果为放大/缩小、上一动画之后、慢速，重复动画"直到下一次单击"。图片"12.emf"动作路径为向下阶梯、与上一动画同时、非常慢，重复动画"直到下一次单击"。

（7）设置图片"13.png"进入动画效果为缩放，与上一动画同时，非常慢，重复动画"直到下一次单击"；强调动画效果为放大/缩小，与上一动画同时，非常慢，重复动画"直到下一次单击"。

（8）设置幻灯片切换效果为时钟，单击鼠标时。

【效果图 12-4】

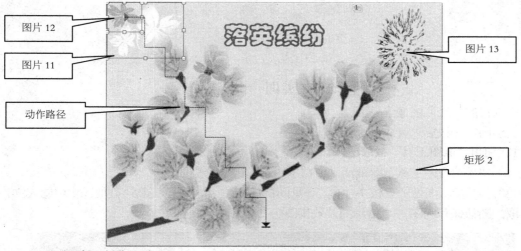

4. 幻灯片 4 制作要求。

（1）仅标题幻灯片。设置背景格式为"填充/图片或纹理填充/图片/9.jpg"。

（2）输入标题"卷轴效果"。设置标题字体为华文彩云，字号为 54，加粗，颜色为 RGB（248，107，20）。

（3）插入图片"14.jpg""15.jpg"和"16.jpg"，所有图片缩放比例为120%。

（4）设置图片"14.jpg"进入动画效果为切入、自左侧、与上一动画同时、慢速。

（5）设置图片"16.jpg"动作路径为直线（自左到右）、与上一动画同时、慢速。

（6）设置图片"14.jpg"退出动画效果为切出、到左侧、单击时、慢速。

（7）设置图片"16jpg"动作路径为直线（自右到左）、与上一动画同时、慢速。

【效果图 12-5】

第七章
多媒体软件应用

实训一

实训目的：获取图像素材。

实训内容：按要求完成以下操作。

1．使用"截图工具"截取图像

（1）使用"截图工具"获取活动窗口、对话框或整个桌面。

（2）打开素材图像"素材 7-1.jpg"（见图 7-1），使用"截图工具"截取图像中的人物，将截取的图像保存为图 7-2 所示的"效果图 7-1.jpg"。

图 7-1　素材 7-1　　　　　　　　　　图 7-2　效果图 7-1

2．使用 Snagit 软件捕获图像

（1）区域捕获：打开 Word 2010 窗口，捕获"开始"功能区，如图 7-3 所示。

图 7-3　"开始"功能区

（2）窗口捕获：打开 Word 2010 窗口，捕获"日期和时间"对话框，如图 7-4 所示。

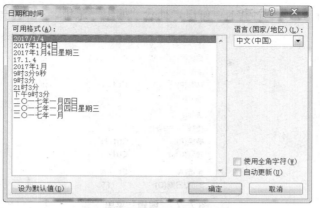

图 7-4 "日期和时间"对话框

（3）全屏捕获：捕获整个屏幕，如图 7-5 所示。

图 7-5 整个屏幕

（4）滚动窗口捕获：打开"计算机"窗口，捕获当前滚动窗口，如图 7-6 所示。

图 7-6 "滚动"窗口

（5）菜单捕获：打开"记事本"窗口，捕获"编辑"菜单，如图7-7所示。

撤消(U)	Ctrl+Z
剪切(T)	Ctrl+X
复制(C)	Ctrl+C
粘贴(P)	**Ctrl+V**
删除(L)	Del
查找(F)...	Ctrl+F
查找下一个(N)	F3
替换(R)...	**Ctrl+H**
转到(G)...	**Ctrl+G**
全选(A)	Ctrl+A
时间/日期(D)	F5

图7-7 "编辑"菜单

3．使用Snagit软件录制视频

（1）录制屏幕视频：使用Snagit软件录制网上播放的一段视频。

（2）录制屏幕操作：录制一段"记事本"操作，具体操作步骤如下。

步骤一：启动"记事本"，单击"格式"菜单中的"自动换行"命令。

步骤二：输入文字"北国风光，千里冰封，万里雪飘。"

步骤三：设置文字字体为黑体，字号为16，字形为斜体。

步骤四：单击"文件"菜单中的"保存"命令，打开"另存为"对话框。

步骤五：选择保存位置为"桌面"，在"文件名"框中输入文件名"雪"。

步骤六：单击"另存为"对话框中的"保存"按钮，关闭"另存为"对话框。

步骤七：单击"记事本"窗口右上角的"关闭"按钮，关闭"记事本"窗口。

4．使用"格式工厂"进行格式转换

（1）使用"格式工厂"将音频文件"青藏高原.mp3"转换为WAV格式。

（2）使用"格式工厂"将视频文件"诗歌朗诵–我的祖国.flv"转换为MPG格式。

实训二

实训目的：加工处理图像（一）。

实训内容：使用ACDSee 15编辑图像。

1．裁剪图像

裁剪图像"裁剪图像–素材.jpg"（见图7-8），得出图7-9所示的效果图，具体操作步骤如下。

图7-8 裁剪图像–素材　　　　　　图7-9 裁剪图像–效果图

（1）打开素材图像文件，单击"编辑"选项卡，切换到"编辑模式"窗口。

（2）单击"裁剪"链接，打开"裁剪"面板，选中"限制裁剪比例"复选框。

（3）使用鼠标拖动图像周围的控制点，对图像进行裁剪。

（4）单击"完成"按钮，再单击"保存"按钮，保存编辑结果。

2．调整亮度

调整图像"调整亮度–素材.jpg"（见图7–10）的亮度，效果如图7–11所示，具体操作步骤如下。

（1）打开素材图像文件，单击"编辑"按钮，切换到"编辑模式"窗口。

（2）单击"曝光"链接，打开"曝光"面板。

（3）拖动"曝光""对比度"和"填充光线"滑块，调整图像整体或局部亮度。

（4）单击"完成"按钮，再单击"保存"按钮，保存编辑结果。

图 7–10　调整亮度–素材　　　　　　图 7–11　调整亮度–效果图

3．调整颜色

调整图像"调整颜色–素材.jpg"的颜色（见图7–12），最终效果如图7–13所示，具体操作步骤如下。

（1）打开素材图像文件，单击"编辑"按钮，切换到"编辑模式"窗口。

（2）单击"色彩平衡"链接，打开"颜色平衡"面板。

（3）拖动"色调""饱和度"和"亮度"滑块调整图像颜色。

（4）单击"完成"按钮，再单击"保存"按钮，保存编辑结果。

图 7–12　调整颜色–素材　　　　　　图 7–13　调整颜色–效果图

4．旋转图像

将图像"旋转图像–素材.jpg"（见图7–14）向右侧旋转7度，裁剪调整图像，效果如图7–15所示，具体操作步骤如下。

（1）打开素材图像文件，单击"编辑"选项卡，切换到"编辑模式"窗口。

（2）单击"旋转"链接，打开"旋转"面板，选中"裁剪调正的图像"或"保留调正的图像"选项。

（3）拖动"调正"滑块，对比图像窗格中的网格线将图像调正。

（4）单击"完成"按钮，再单击"保存"按钮，保存编辑结果。

图 7-14　旋转图像-素材　　　　　　　图 7-15　旋转图像-效果图

5．消除红眼

消除图像"消除红眼-素材.jpg"（见图 7-16）的中红眼，效果如图 7-17 所示，具体操作步骤如下。

（1）打开素材图像文件，单击"编辑"选项卡，切换到"编辑模式"窗口。

（2）单击"红眼消除"链接，打开"红眼消除"面板。

（3）用鼠标单击眼睛中的红色部分以消除红眼。

（4）单击"完成"按钮，再单击"保存"按钮，保存编辑结果。

图 7-16　消除红眼-素材　　　　　　　图 7-17　消除红眼-效果图

6．修复图像

修复图像"修复图像-素材.jpg"（见图 7-18）中的污点，效果如图 7-19 所示，具体操作步骤如下。

（1）打开素材图像文件，单击"编辑"选项卡，切换到"编辑模式"窗口。

（2）单击"修复工具"链接，打开"修复工具"面板，选中"克隆"选项，拖动"笔尖宽度"和"羽化"滑块调整画笔大小和羽化值。

（3）鼠标右键单击图像设置取样点，然后按住鼠标左键涂抹有污渍的区域。

（4）单击"完成"按钮，再单击"保存"按钮，保存编辑结果。

图 7-18　修复图像-素材

图 7-19　修复图像-效果图

7. 去除杂点

去除图像"去除杂点-素材.jpg"（见图 7-20）中的杂点，效果如图 7-21 所示，具体操作步骤如下。

（1）打开素材图像文件，单击"编辑"选项卡，切换到"编辑模式"窗口。

（2）单击"杂点"链接，打开"消除杂点"面板，选中"祛除斑点-平滑图像"。

（3）单击"完成"按钮，再单击"保存"按钮，保存编辑结果。

图 7-20　去除杂点-素材

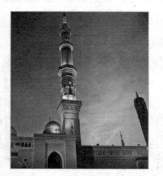

图 7-21　去除杂点-效果图

8. 锐化图像

锐化图像"锐化图像 1-素材.jpg"（见图 7-22），效果如图 7-23 所示，具体操作步骤如下。

（1）打开素材图像文件，单击"编辑"选项卡，切换到"编辑模式"窗口。

（2）单击"锐化"链接，打开"锐化"面板。

（3）适当调整"数量""半径""细节""阈值"等参数。

（4）单击"完成"按钮，再单击"保存"按钮，保存编辑结果。

图 7-22　锐化图像-素材

图 7-23　锐化图像-效果图

9. 添加效果

给图像"添加效果-素材.jpg"（见图7-24）添加"镜像"效果，效果如图7-25所示，具体操作步骤如下。

（1）打开素材图像文件，单击"编辑"选项卡，切换到"编辑模式"窗口。

（2）单击"特殊效果"链接，打开"效果"面板。

（3）选择"镜像"选项，打开"扭曲"面板，选择"镜像方向"为"水平"。

（4）单击"完成"按钮，再单击"保存"按钮，保存编辑结果。

图 7-24　添加效果-素材　　　　　　　图 7-25　添加效果-效果图

10. 添加边框

给图像"添加边框-素材.jpg"（见图7-26）添加边框"纹理/纹理8"，边框边缘效果为"阴影"，效果见图7-27，具体操作步骤如下。

（1）打开素材图像文件，单击"编辑"选项卡，切换到"编辑模式"窗口。

（2）单击"边框"链接，打开"边框"面板。

（3）适当调整边框大小，设置边框颜色或纹理以及边缘效果。

（4）单击"完成"按钮，再单击"保存"按钮，保存编辑结果。

图 7-26　添加边框-素材　　　　　　　图 7-27　添加边框-效果图

11. 制作证件照片

（1）裁剪图像：裁剪图像"调整大小-素材.jpg"裁剪为宽高比为 25×36，图像素材及效果如图7-28所示。

（2）调整大小：图像宽度为2.5厘米，高度为3.6厘米，分辨率为300点/英寸。

（3）添加边框：图像上、左、右边框为10毫米，下边框为20毫米，颜色为白色。

（4）添加文本：添加文本"沂蒙影社"，字体为隶书、字号为18、颜色为黑色。

证件照片-素材　　　　证件照片-大头照　　　　证件照片-效果图

图 7-28

12. 批量调整图像

（1）将素材图像"01.jpg-12.jpg"宽度调整为 600 像素、高度调整为 900 像素。

（2）将素材图像"10.jpg-19.jpg"重命名为"风景 01.jpg-风景 10.jpg"。

（3）将素材图像"01.jpg-05.jpg"向左旋转 90 度。

（4）将素材图像"风景 01.bmp-风景 10.bmp"转换为 JPG 格式。

13. 创建 PPT 文件

（1）导入素材图像"01.jpg-12.jpg"。

（2）使用现有演示文稿"百变小公主.pptx"，插入幻灯至"演示文稿的结束"。

（3）以文件名"百变小公主-效果.pptx"保存。

14. 创建 Adobe Flash Player 幻灯放映文件（.swf 文件格式）

（1）导入素材图像"01.jpg-12.jpg"。

（2）为所有图像添加转场（淡入淡出）。

（3）设置转场持续时间为 2 秒，幻灯放映时间为 5 秒。

（4）设置 Flash 宽度为 600 像素，高度为 900 像素。

（5）生成 SWF 格式文件，以文件名"百变小公主.swf"保存。

15. 创建独立的幻灯放映文件（.exe 文件格式）

（1）导入素材图像"01.jpg-12.jpg"。

（2）为所有图像添加转场（淡入淡出）。

（3）为所有图像添加标题"百变小公主"。

（4）为所有图像添加背景音乐"花仙子.mp3"。

（5）设置标题字体为华文行楷，字号为小初，颜色为红色，背景颜色为"无"。

（6）生成 EXE 格式文件，以文件名"百变小公主.exe"保存。

实训三

实训目的：加工处理图像（二）。

实训内容：使用 Photoshop CS6 编辑图像。

1. 旋转图像

（1）启动 Photoshop CS6，打开素材图像文件（见图 7-29）。

（2）选择"图像"菜单"图像旋转"子菜单中的"90 度（逆时针）"命令。

2. 调整大小

（1）启动 Photoshop CS6，打开素材图像文件。

（2）选择"图像"菜单中的"图像大小"命令，打开"图像大小"对话框。

（3）在"宽度"框中输入调整后的值 1360 像素，单击"确定"按钮。

（4）选择"图像"菜单中的"画布大小"命令，打开"画布大小"对话框。

（5）在"高度"框中输入调整后的值 1860 像素，在"定位"框中选择"↑"，效果如图 7-30 所示。

图 7-29　旋转与调整大小-素材　　　　图 7-30　旋转与调整大小-效果图

3．裁剪图像

（1）启动 Photoshop CS6，打开素材图像文件（见图 7-31）。

（2）选择工具箱中的"裁剪工具"，旋转并裁剪图像。

（3）单击"确定"按钮，保存裁剪后的图像，如图 7-32 所示。

图 7-31　裁剪图像-素材　　　　　　　图 7-32　裁剪图像-效果图

4．修复图像

方法一：使用"内容识别"命令。

（1）启动 Photoshop CS6，打开素材图像文件（见图 7-33）。

（2）使用工具箱中的"套索工具"选择需要修复的图像区域。

（3）单击"编辑"菜单中的"填充"命令，打开"填充"对话框。

（4）在"使用"框中选择"内容识别"选项，如图 7-34 所示。

图 7-33　内容识别-素材　　　　　　　图 7-34　内容识别-效果图

方法二：使用"污点修补画笔工具"。

（1）启动 Photoshop CS6，打开素材图像文件（见图 7-35）。

（2）选择工具箱中的"污点画笔工具"，在图像有污点的地方用鼠标单击或涂抹，如图 7-36 所示。

图 7-35　污点修复画笔工具-素材　　　　图 7-36　污点修复画笔工具-效果图

方法三：使用"修复画笔工具"。

（1）启动 Photoshop CS6，打开素材图像文件（见图 7-37）。

（2）选择工具箱中的"修复画笔工具"。

（3）按住 Alt 键单击图像以取样，然后拖动鼠标修复图像，效果如图 7-38 所示。

图 7-37　修复画笔工具-素材　　　　图 7-38　修复画笔工具-效果图

方法四：使用"修补工具"。

（1）启动 Photoshop CS6，打开素材图像文件（见图 7-39）。

（2）选择工具箱中的"修补工具"。

（3）使用"套索工具"选定要修补的区域，拖动选区至图像中好的位置上，效果如图 7-40 所示。

图 7-39　修补工具-素材　　　　图 7-40　修补工具-效果图

5．瘦脸瘦身

（1）启动 Photoshop CS6，打开素材图像文件（见图 7-41）。

（2）单击"滤镜"菜单中的"液化"命令，打开"液化"对话框，单击"向前变形工具"按钮。

（3）在"画笔大小"框中适当调整画笔大小，然后用鼠标拖动要瘦脸的位置，效果如图 7-42 所示。

图 7-41　瘦脸瘦身-素材　　　　　图 7-42　瘦脸瘦身-效果图

6．眼睛变大

（1）启动 Photoshop CS6，打开素材图像文件（见图 7-43）。

（2）单击"滤镜"菜单中的"液化"命令，打开"液化"对话框，单击"膨胀工具"按钮。

（3）在"画笔大小"框中适当调整画笔大小，然后用鼠标单击眼睛部分，效果如图 7-44 所示。

图 7-43　眼睛变大-素材　　　　　图 7-44　眼睛变大-效果图

7．黑白效果

（1）启动 Photoshop CS6，打开素材图像文件（见图 7-45）。

（2）单击"图像"菜单"调整"子菜单中"黑白"命令，打开"黑白"对话框。

（3）适当调整对话框中相应的颜色滑块，单击"确定"按钮，效果如图 7-46 所示。

图 7-45　黑白效果-素材　　　　　图 7-46　黑白效果-效果图

8．消除红眼

（1）启动 Photoshop CS6，打开素材图像文件，如图 7-47 所示。

（2）选择工具箱中的"红眼工具"，然后用鼠标单击眼睛中的红眼部分，效果如图 7-48 所示。

图 7-47　消除红眼-素材

图 7-48　消除红眼-效果图

9．调整颜色

方法一：使用"色相/饱和度"命令。

（1）启动 Photoshop CS6，打开素材图像文件（见图 7-49）。

（2）使用工具箱中的"磁性套索工具"选择要调整的图像区域。

（3）单击"图像"菜单"调整"子菜单中的"色相/饱和度"命令，打开"色相/饱和度"对话框。

（4）拖动"色相""饱和度""明度"滑块，调整出需要的颜色，效果如图 7-50 所示。

图 7-49　调整颜色-素材

图 7-50　调整颜色-效果图

方法二：使用"替换颜色"命令。

（1）启动 Photoshop CS6，打开素材图像文件（见图 7-51）。

（2）单击"图像"菜单"调整"子菜单中的"替换颜色"命令，打开"替换颜色"对话框。使用"吸管工具"选择调整范围，拖动"颜色容差"滑块扩大调整范围。

（3）拖动"色相"滑块调整出需要的颜色，并用"吸管工具+"扩大颜色范围。

（4）选择工具箱中的"历史记录画笔工具"，用鼠标涂抹图像中需要还原的位置，效果如图 7-52 所示。

图 7-51 替换颜色-素材　　　　　　　　图 7-52 替换颜色-效果图

10. 调整亮度

方法一：使用"亮度/对比度"命令。

（1）启动 Photoshop CS6，打开素材图像文件（见图 7-53）。

（2）单击"图像"菜单"调整"子菜单中的"亮度/对比度"命令，打开"亮度/对比度"对话框。拖动"亮度"和"对比度"滑块，调整图像亮度，效果如图 7-54 所示。

图 7-53 亮度与对比度-素材　　　　　　图 7-54 亮度与对比度-效果图

方法二：使用"曝光度"命令。

（1）启动 Photoshop CS6，打开素材图像文件（见图 7-55）。

（2）单击"图像"菜单"调整"子菜单中的"曝光度"命令，打开"曝光度"对话框，拖动"曝光度"滑块适当增加或减少曝光度值，效果如图 7-56 所示。

图 7-55 曝光正常　　　　　　　　　　图 7-56 曝光过度

方法三：使用"阴影/高光"命令。

（1）启动 Photoshop CS6，打开素材图像文件（见图 7-57）。

（2）单击"图像"菜单"调整"子菜单中的"阴影/高光"命令，打开"阴影/高光"对话框。适当调整拖动"阴影""高光"等参数，效果如图7-58所示。

图7-57 阴影高光-素材

图7-58 阴影高光-效果图

11. 锐化图像

（1）启动 Photoshop CS6，打开素材图像文件（见图7-59）。

（2）使用"滤镜"菜单"锐化"子菜单中的"USB 锐化"命令，打开"USB 锐化"对话框。

（3）适当调整"数量""半径""阈值"等参数，单击"确定"按钮，效果如图7-60所示。

图7-59 锐化图像-素材

图7-60 锐化图像-效果图

12. 制作证件照片

（1）启动 Photoshop CS6，打开素材图像文件。

（2）选择工具箱中的"魔棒工具"，使用鼠标选中素材图像中的白色区域，然后按 Shift+Ctrl+I 组合键反选。

（3）单击"选择"菜单"修改"子菜单中的"收缩"命令，设置收缩量1像素。

（4）单击工具栏中的"调整边缘"按钮，打开"调整边缘"对话框，在"视图"框中选择"叠加"，在"半径"框中输入 0.3，然后用鼠标在人物头部边缘涂抹。

（5）按 Ctrl+J 组合键复制选区，得到"图层 1"，单击"图层"面板中的"创建新图层"按钮，在"图层 1"下方新建"图层 2"。

（6）单击"图层 2"，设置前景色为蓝色或红色，单击"编辑"菜单中的"填充"命令，打开"填充"对话框，使用前景色填充"图层 2"。

（7）在"图层"面板中同时选中三个图层，按 Ctrl+E 组合键将三个图层合并。

（8）选择工具箱中的"裁剪工具"，在工具栏中设置裁剪图像宽度为 2.5 厘米，高度为 3.6 厘米，分辨率为 300 像素/英寸，然后将素材图像进行裁剪。

（9）单击"图像"菜单中的"画布大小"命令，打开"画布大小"对话框，设置画布宽度为 2.7 厘米，高度为 3.8 厘米，画布扩展颜色为"白色"。

（10）单击"文件"菜单中的"存储为"命令，将制作好的证件照片保存，证件照片素材及效果如图 7-61 所示。

（1）素材　　　　　　（2）蓝底照片　　　　　　（3）红底照片

图 7-61

实训四

实训目的：加工处理音频。

实训内容：利用 Audition CS6 制作音频作品。

1. 利用 Audition CS6 录制诗朗诵"再别康桥"，具体操作步骤如下。

第一步：录制诗朗诵"再别康桥"。

（1）启动 Audition CS6。

（2）单击"文件–新建–音频文件"命令，打开"新建音频文件"对话框。

（3）设置文件名、采样率、声道、位深度等参数，单击"确定"按钮。

（4）单击"录制"按钮（快捷键为 Shift+空格键），开始声音录制。

（5）单击"停止"按钮（快捷键为空格键），结束声音录制。

第二步：降噪处理。

（1）用鼠标选择一段 1 秒左右的噪音波形。

（2）单击"效果–降噪/恢复–捕捉噪音样本"命令，获取噪音样本。

（3）使用鼠标选择要进行降噪处理的全部波形。

（4）单击"效果–降噪/恢复–降噪（处理）"命令。

（5）单击"文件–导出–文件"命令，保存声音文件。

2. 利用 Audition CS6 录制配乐诗朗诵"再别康桥"，具体操作步骤如下。

（1）启动 Audition CS6。

（2）单击"文件–新建–多轨混音项目"命令，打开"新建多轨混音"对话框。

（3）设置混音项目名称、采样率、位深度、主控等参数，单击"确定"按钮。

（4）导入声音文件"背景音乐.mp3"至轨道 1，适当调整伴奏音乐的音量大小。

（5）单击轨道 2 中的"R"按钮，再单击"录制"按钮，开始声音录制。

（6）单击"停止"按钮（快捷键为空格键），结束声音录制。

（7）双击轨道 2 中的人声波形，切换到单轨编辑模式，对录制的人声降噪处理；

（8）单击"多轨混音"按钮，切换到多轨编辑模式。

（9）单击"文件–导出–多轨缩混–完整混音"命令，保存声音文件。

3．利用 Audition CS6 制作配乐诗朗诵"再别康桥"，具体操作步骤如下。

第一步：裁剪声音。

（1）单击"导入文件"按钮，导入需要裁剪的声音文件"背景音乐.mp3"。

（2）双击声音文件"背景音乐.mp3"，进入声音编辑模式。

（3）按住鼠标左健选取一段要删除的声音波形，按 Delete 键将其删除。

第二步：添加效果。

（1）选择开始位置或结尾处一段合适的声音波形。

（2）单击"收藏夹"菜单中的"淡入/淡出"命令，添加"淡入/淡出"效果。

（3）单击"文件"菜单中的"存储"命令，将编辑后的声音文件保存。

第三步：混合声音。

（1）单击"文件–新建–多轨混音项目"命令，打开"新建多轨混音"对话框。

（2）设置混音项目名称、采样率、位深度、主控等参数，单击"确定"按钮。

（3）导入第 1 个声音文件"背景音乐.mp3"至轨道 1，适当调整音量大小。

（4）导入第 2 个声音文件"诗朗诵.mp3"至轨道 2，适当调整音量大小。

（5）单击"文件–导出–多轨缩混–完整混音"命令，保存混合后的声音文件。

4．利用 Audition CS6 制作歌曲联唱"青藏高原"和"天路"，具体操作步骤如下。

第一步：裁剪声音。

（1）单击"导入文件"按钮，导入声音文件"青藏高原.mp3"和"天路.mp3"。

（2）分别双击声音"青藏高原.mp3"和"天路.mp3"，进入声音编辑状态。

（3）按住鼠标左健选取一段要删除的声音波形，按 Delete 键将其删除。

第二步：添加效果。

（1）选择声音文件开始位置或结尾处一段合适的声音波形；

（2）单击"收藏夹"菜单中的"淡入/淡出"命令，添加"淡入/淡出"效果；

（3）单击"文件"菜单中的"存储"命令，将编辑后的声音文件保存。

第三步：连接声音。

（1）单击"文件–新建–音频文件"命令，打开"新建音频文件"对话框。

（2）设置文件名、采样率、声道、位深度等参数，单击"确定"按钮。

（3）单击"文件–追加打开–到当前"命令，将第 1 个声音文件"青藏高原.mp3"导入新建音频文件的音频轨上。

（4）单击"编辑–插入–静默"命令，在声音波形后面插入一段 5 秒的空白声音。

（5）单击"文件–追加打开–到当前"命令，将第 2 个声音文件"天路.mp3"导入音频轨空白声音的最后。

（6）单击"文件–导出–文件"命令，保存连接后的声音文件。

【诗朗诵】

再别康桥

作者：徐志摩

轻轻的我走了，
正如我轻轻的来；
我轻轻的招手，
作别西天的云彩。
那河畔的金柳，
是夕阳中的新娘；
波光里的艳影，
在我的心头荡漾。
软泥上的青荇，
油油的在水底招摇；

在康河的柔波里，
我甘心做一条水草！
那榆荫下的一潭，
不是清泉，
是天上虹；
揉碎在浮藻间，
沉淀着彩虹似的梦。
寻梦？撑一支长篙，
向青草更青处漫溯；
满载一船星辉，

在星辉斑斓里放歌。
但我不能放歌，
悄悄是别离的笙箫；
夏虫也为我沉默，
沉默是今晚的康桥！
悄悄的我走了，
正如我悄悄的来；
我挥一挥衣袖，
不带走一片云彩。

实训五

实训目的：加工处理视频（一）。

实训内容：利用"会声会影 11"制作视频作品。

1. 利用"会声会影 11"制作相册，具体操作步骤如下。

（1）启动会声会影 11。单击"会声会影编辑器"，进入会声会影编辑器界面。

（2）选择"工具"菜单中的"会声会影影片向导"命令，打开"会声会影影片向导"对话框。

（3）单击"插入图像"按钮，打开"添加图像素材"对话框，选中要添加的图像文件，单击"打开"按钮，再单击"下一步"按钮。

（4）在"主题模板"框中选择"相册"选项，在模板列表中选择"宝贝"选项。

（5）在"标题"框中更改标题为"百变小公主"，单击"文字属性"按钮，在"文字属性"对话框中更改文字的属性。

（6）单击"加载背景音乐"按钮，打开"音频选项"对话框，删除原有背景音乐，然后单击"添加音频"按钮，添加新的背景音乐"花仙子.mp3"，再单击"下一步"按钮，进入会声会影编辑器界面。

（7）单击"分享"，再单击"创建视频文件"按钮，选择视频格式为"DV-PAL DV（4：3）"，打开"创建视频文件"对话框，输入视频文件名"百变小公主.avi"。

2. 利用"会声会影 11"制作家庭影片，具体操作步骤如下。

（1）启动会声会影 11。单击"会声会影编辑器"，进入会声会影编辑器界面。

（2）选择"工具"菜单中的"会声会影影片向导"命令，打开"会声会影影片向导"对话框。

（3）单击"插入视频"按钮，打开"添加视频素材"对话框，选中要添加的视频文件，单击"打开"按钮，再单击"下一步"按钮。

（4）在"主题模板"框中选择"家庭影片"选项，在模板列表中选择"常规 11"。

（5）在"标题"框中更改标题为"飞越沂蒙"，单击"文字属性"按钮，在"文字属性"

对话框中更改文字的属性。

（6）单击"加载背景音乐"按钮，打开"音频选项"对话框，删除原有背景音乐，然后单击"添加音频"按钮，添加新的背景音乐"苗雨-家住临沂.mp3"，再单击"下一步"按钮，进入会声会影编辑器界面。

（7）单击"分享"，再单击"创建视频文件"按钮，选择视频格式为"DV-PAL DV（4：3）"，打开"创建视频文件"对话框，输入视频文件名"飞越沂蒙.avi"。

3. 利用"会声会影 11"制作视频作品"长颈鹿的故事"，具体操作步骤如下。

（1）启动会声会影 11。单击"会声会影编辑器"，进入会声会影编辑器界面。

（2）插入视频素材。单击步骤面板中的"编辑"标签，在素材库下拉列表中选择"视频"选项，单击"加载视频"按钮，弹出"打开视频文件"对话框。选择要添加的视频素材"长颈鹿的故事.wmv"，单击"打开"按钮。

（3）修剪视频素材。将素材库中的视频缩略图"长颈鹿的故事.wmv"拖放到故事板视图，然后利用选项面板中的"多重修整视频"命令对视频素材进行修剪，修剪所得四段视频的长度分别如下。

（00:00:26:11———00:00:50:20）　　（00:01:21:00———00:02:19:00）

（00:02:27:10———00:03:57:10）　　（00:11:56:00———00:12:50:24）

（4）添加转场效果。单击步骤面板中的"效果"标签，然后在故事板视图中为四段视频分别添加"三维-对开门""过滤-交叉淡化""擦试-百叶窗"转场效果。

（5）保存项目文件。单击"文件"菜单中的"保存"命令，打开"另存为"对话框，输入项目文件名"长颈鹿的故事.vsp"，单击"保存"按钮。

（6）输出视频文件。单击步骤面板中的"分享"标签，再单击"创建视频文件"链接，在弹出的菜单中选择"PAL VCD"选项，打开"创建视频文件"对话框。输入视频文件名"长颈鹿的故事-作品.mpg"，单击"保存"按钮。

实训六

实训目的：加工处理视频（二）。

实训内容：利用"会声会影 11"制作视频作品"海底总动员"。

1. 启动会声会影 11。单击"会声会影编辑器"，进入会声会影编辑器界面。

2. 插入视频素材。单击步骤面板中的"编辑"标签，在素材库下拉列表中选择"视频"选项，单击"加载视频"按钮，弹出"打开视频文件"对话框。选择要添加的视频素材 1"海底总动员.mpg"，单击"打开"按钮。然后将视频素材库中的视频缩略图"海底总动员.mpg"拖动到时间轴视图的视频轨上。

3. 抹除视频原声。单击选项面板中的"视频"标签，再单击"分割音频"选项，将视频素材 1 中的视频和音频分离，然后在时间轴视图中将音频删除。

4. 插入标题文本。单击步骤面板中的"标题"标签，在预览窗口中双击并输入文本"海底总动员"。设置文本字体为华文行楷，字号为 30，颜色为白色，对齐方式为"居中"，无文字背景，标题文本时间的长度为 31.04 秒。

5. 添加视频素材。将视频素材库中的视频素材 2"V14(SS_OurBaby_Start.wmv)"拖动到视频轨中的视频素材 1"海底总动员.mpg"的后面。

6. 插入标题文本。单击步骤面板中的"标题"标签，在预览窗口中双击并输入文本"导演：李木兴/合成：徐朋友/后期：方小明"。设置文本字体为华文新魏，字号为 25，颜色为蓝色，对齐方式为"居中"，标题文本的时间长度为 8.23 秒。

7. 设置动画效果。选中标题文本"导演……"，单击选项面板中的"动画"标签，勾选"应用动画"复选框，选择"飞行"类动画中的第 1 种动画效果。

8. 添加视频滤镜。单击步骤面板中的"编辑"标签，在素材库下拉列表中单击"视频滤镜"选项，选择视频滤镜素材库中的"气泡"滤镜，然后将其拖动到视频轨中的视频素材 2 "V14(SS_OurBaby_Start.wmv)"的上面。

9. 添加转场效果。单击步骤面板中的"效果"标签，在素材库下拉列表中单击"过滤"选项，然后将"交叉淡化"效果拖动到视频轨的视频素材 1 和视频素材 2 之间。

10. 插入音频素材。单击步骤面板中的"音频"标签，在预览窗口中单击"加载音频"按钮，弹出"打开音频文件"对话框。选择要插入的音频素材"我心永恒.mp3"，单击"打开"按钮。然后将音频素材库中的音频缩略图"我心永恒.mp3"拖动到时间轴视图的音乐轨中。

11. 调整音频素材。调整音乐轨中音频素材的时间长度，使其与视频轨中视频素材的时间长度保持同步。然后在选项面板中的"音乐和声音"标签下调整音频素材的音量为 90，并给音频添加淡入、淡出动画效果。

12. 保存项目文件。单击"文件"菜单中的"保存"命令，打开"另存为"对话框。输入项目文件名"海底总动员.vsp"，单击"保存"按钮。

13. 输出视频文件。单击步骤面板中的"分享"标签，再单击"创建视频文件"链接，在弹出的快捷菜单中选择"与第一个视频素材相同"选项，打开"创建视频文件"对话框。输入视频文件名"海底总动员–作品.mpg"，单击"保存"按钮。

第八章
Windows 7 模拟练习

模拟练习一

一、单项选择题

本部分试题每题只有一个正确答案，每题分值为 2 分，共 40 分。

1. Windows 7 是一个（　　）操作系统。

   A. 分时　　　　　　　B. 批处理　　　　　　　C. 多用户　　　　　　D. 实时控制

2. Windows 7 中，中文输入法状态下可以使用（　　）键进行全角/半角切换。

   A. Ctrl+Space　　　　B. Shift+Space　　　　　C. Ctrl+Shift　　　　D. Alt+Space

3. 对于 Windows 7 操作系统，下列叙述中，正确的是（　　）。

   A. Windows 7 的操作只能使用鼠标

   B. Windows 7 为每个任务自动建立一个窗口，其位置和大小不变

   C. 在不同磁盘之间不能用鼠标拖动文件的方法实现文件的移动

   D. Windows 7 打开的多个窗口，既可以平铺，也可以层叠

4. Windows 7 中，关于"快捷菜单"的说法，不正确的是（　　）。

   A. 用鼠标右键单击某个图标，会弹出快捷菜单

   B. 用鼠标右键单击不同图标，弹出的快捷菜单内容是一样的

   C. 用鼠标右键单击桌面空白区，也会弹出快捷菜单

   D. 用鼠标右键单击"资源管理器"窗口中的文件夹图标，也会弹出快捷菜单

5. 在"资源管理器"窗口中选定硬盘上的文件或文件夹，并按了 Delete 键和"确定"按钮，则该文件或文件夹（　　）。

   A. 被删除并放入"回收站"　　　　　　　B. 不被删除也不放入"回收站"

   C. 被删除但不放入"回收站"　　　　　　D. 不被删除但放入"回收站"

6. Windows 7 中，关于中文输入法的说法，不正确的是（　　）。

   A. 启动或关闭中文输入法的快捷键是 Ctrl+Space

   B. 英文及中文输入法之间切换的快捷键是 Ctrl+Shift

   C. 通过"任务栏"上的"语言指示器"可以删除输入法

   D. Windows 7 中可以使用 Windows 3.x 输入法

7. Windows 7 中，下列文件名，正确的是（　　）。

   A. My Program Group.TXT　　　　　　B. file1|file2

   C. A<>B.C　　　　　　　　　　　　　D. A?B.C

8. Windows 7 中，若将剪贴板上的信息粘贴到插入点，正确的操作是（　　　）。

    A. 按 Ctrl+F 组合键　　　　　　　　　　B. 按 Ctrl+V 组合键

    C. 按 Ctrl+C 组合键　　　　　　　　　　D. 按 Ctrl+H 组合键

9. Windows 7 中，关于窗口的描述，错误的是（　　　）。

    A. 窗口是应用程序的用户界面

    B. Windows 7 的桌面也是窗口

    C. 窗口的大小和位置可以改变

    D. 窗口由标题栏、菜单栏、工作区、状态栏和滚动条等组成

10. Windows 7 中，关于文件名的说法，正确的是（　　　）。

    A. 只能为 8.3 形式的文件名　　　　　　B. 长达 255 个字符，无须扩展名

    C. 文件名中不能使用空格　　　　　　　D. 长达 255 个字符，同时仍保留扩展名

11. Windows 7 中，可以在桌面上创建快捷方式的对象不包括（　　　）。

    A. 应用程序　　　　B. 文件夹　　　　　C. 文档　　　　　　D. 菜单

12. 用鼠标单击"资源管理器"窗口中的空文件夹，对应的右窗口（　　　）。

    A. 显示原先的内容　　　　　　　　　　B. 电脑提示操作出错

    C. 原先内容被复制到该文件夹　　　　　D. 显示空白

13. Windows 7 中，"显示"图标在（　　　）中。

    A. "开始"菜单　　B. 控制面板　　　　　C. 任务栏　　　　　D. 工具栏

14. 用键盘退出 Windows 7 操作系统，应按（　　　）键。

    A. Esc　　　　　　B. Alt＋F4　　　　　C. Quit　　　　　　D. F10

15. 在 Windows 虚拟的 MS−DOS 环境提示符下键入（　　　）命令，可返回 Windows 7。

    A. Down　　　　　B. Exit　　　　　　C. Backspace　　　　D. Enter

16. Windows 7 中，"磁盘碎片整理"命令的主要作用是（　　　）。

    A. 节省磁盘空间　B. 提高读写磁盘速度　C. 清除病毒　　　D. 检查磁盘状态

17. Windows 7 中，屏幕保护程序的主要作用是（　　　）。

    A. 保护用户眼睛　　　　　　　　　　　B. 保护用户身体

    C. 减低能耗　　　　　　　　　　　　　D. 保护计算机显示器

18. Windows 7 中，关于对话框的说法，正确的是（　　　）。

    A. 对话框不可以改变大小　　　　　　　B. 对话框不可以移动

    C. 对话框包含菜单栏　　　　　　　　　D. 对话框不含标题栏

19. Windows 7 中，关于"剪贴板"的说法，不正确的是（　　　）。

    A. 剪贴板是内存中的一个存储区域

    B. 剪贴板只能存放文本和图形

    C. 剪贴板只能存放最近一次剪切或复制操作所获信息

    D. 要查看剪贴板中的内容，可以使用"剪贴板查看程序"

20. Windows 7 中，"回收站"中存放的只能是（　　　）。

    A. 所有外存储器上被删除的文件和文件夹

    B. 软盘上被删除的文件和文件夹

    C. 硬盘上被删除的文件和文件夹

    D. 硬盘和软盘上被删除的文件和文件夹

二、多项选择题

本部分试题每题有一个以上正确答案，每题分值为 3 分，共 30 分。

1. Windows 7 中，不能弹出对话框的操作是（   ）。

    A. 选择了带省略号的菜单项　　　　　B. 选择了带右三角箭头的菜单项

    C. 选择了颜色变灰的菜单项　　　　　D. 运行了与对话框对应的菜单项

2. Windows 7 中，对话框右上角的 "?" 按钮，有关它的功能不正确的是（   ）。

    A. 关闭对话框　　　　　　　　　　　B. 获取帮助信息

    C. 便于用户输入问号　　　　　　　　D. 最小化对话框

3. Windows 7 提供的图形用户界面包括（   ）。

    A. 桌面　　　　　B. 图标　　　　　　　C. 窗口　　　　　　　　D. 菜单

4. 在 "资源管理器" 窗口中，"文件" 菜单中 "新建" 命令的功能是（   ）。

    A. 可以创建新的文件夹　　　　　　　B. 可以创建新的文件

    C. 可以创建新的快捷方式　　　　　　D. 可以创建新的图标

5. "资源管理器" 窗口分为左、右两部分，左部分显示内容说法不正确的是（   ）。

    A. 当前打开的文件夹内容

    B. 当前打开的文件夹名称及其内容

    C. 系统的树形文件夹结构

    D. 当前打开的文件夹名称及其子文件夹内容

6. Windows 7 中，"回收站" 可以存放（   ）。

    A. 硬盘上被删除的文件

    B. 软盘上被删除的文件或文件夹

    C. 硬盘上被删除的文件夹

    D. 所有外存储器上被删除的文件或文件夹

7. Windows 7 中，关于对活动窗口的描述，错误的有（   ）。

    A. 标题栏的颜色与众不同　　　　　　B. 窗口尺寸的大小与众不同

    C. 所处位置必定在屏幕左上角　　　　D. 标题栏上有 "活动" 字样

8. Windows 7 中，文件的显示方式有（   ）。

    A. 图标　　　　　B. 缩略图　　　　　　C. 列表　　　　　　　　D. 详细信息

9. Windows 7 中，属于对已存在窗口的基本操作是（   ）。

    A. 激活窗口　　　　B. 移动窗口　　　　C. 改变窗口大小　　　　D. 打开窗口

10. Windows 7 中，用户可以通过（   ）启动应用程序。

    A. 单击 "开始" 菜单 "所有程序" 子菜单中相应的应用程序

    B. 双击桌面上应用程序对应的快捷方式

    C. 在 "资源管理器" 窗口中双击应用程序对应的可执行文件

    D. 前面 3 个都不对

三、判断题

请判断每题说法是否正确，每题分值为 2 分，共 30 分。

（   ）1. Windows 7 中，对话框有些项目在文字说明左边标有小方框，当小方框里有对号时，表明这是一个复选框，而且已被选中。

（　　　）2．Windows 7 中，屏幕上可以出现多个窗口，且可以有多个窗口处于活动状态。

（　　　）3．Windows 7 中，被用户永久删除的文件也可以在回收站中存放一段时间。

（　　　）4．Windows 7 中，"Delete" 键的功能等同于"重命名"命令。

（　　　）5．Windows 7 中，删除快捷方式后，它所指向的项目也会被删除。

（　　　）6．Windows 7 中，将文件设置为"只读"属性后，用户无法修改文件内容。

（　　　）7．Windows 7 中，对话框是系统提供给用户输入信息或选择内容的界面。

（　　　）8．在"资源管理器"窗口右部已经选定所有文件，如取消其中几个文件的选定，应按住 Shift 键，再用鼠标左键依次单击要取消选定的文件。

（　　　）9．Windows 7 中，控制面板的作用是用来控制应用程序的运行。

（　　　）10．Windows 7 中，工具栏按钮实际上是菜单命令的一种快捷方式。

（　　　）11．在回收站中，用鼠标右键单击某一文件，快捷菜单中将不会出现"复制"命令。

（　　　）12．Windows 7 中，通知区域除了显示系统日期、音量、网络状态等信息外，还可以显示其他应用程序图标。

（　　　）13．Windows 7 中，标题栏是窗口的必需组成部分，而工具栏则不是必需的。

（　　　）14．Windows 7 中，通过删除存放应用程序的文件夹，可以将应用程序卸载。

（　　　）15．Windows 7 "附件"中的"写字板"和"画图"均可以进行文字和图形处理。

模拟练习一答案

一、单项选择题

1	2	3	4	5	6	7	8	9	10	11	12	13	14	15	16	17	18	19	20
C	B	D	B	A	D	A	B	B	D	D	D	B	B	B	B	D	A	B	C

二、多项选择题

1	2	3	4	5	6	7	8	9	10
BCD	ACD	ABCD	ABC	ABD	AC	BCD	ABCD	ABCD	ABC

三、判断题

1	2	3	4	5	6	7	8	9	10	11	12	13	14	15
对	错	错	错	错	对	对	错	错	对	对	对	错	错	对

模拟练习二

一、单项选择题

本部分试题每题只有一个正确答案，每题分值为 2 分，共 40 分。

1．Windows 7 中，下列关于操作系统的说法，不正确的是（　　　）。

　　A．操作系统是用户和计算机硬件之间的接口

　　B．操作系统只包括文件存储管理和用户程序管理

　　C．操作系统是一个管理程序

　　D．操作系统可以直接在裸机上运行

2. Windows 7 中，文件扩展名的意义是（　　　　）。

    A. 表示文件属性   B. 表示文件类型   C. 表示文件特征   D. 表示文件结构

3. Windows XP 中，设置日期格式应在（　　　）中进行。

    A. 区域设置   B. 日期/时间设置   C. 键盘设置   D. 显示器设置

4. Windows 7 中，菜单命令后带有省略号的表示（　　　　）。

    A. 本命令有子命令   B. 本命令当前有效

    C. 本命令有快捷键   D. 本命令有对话框

5. Windows 7 中，桌面指的是（　　　　）。

    A. 整个屏幕   B. 办公桌面   C. 活动窗口   D. 文本窗口

6. Windows 7 中，改变鼠标设置应该在（　　　）中进行。

    A. 桌面   B. 任务栏   C. 控制面板   D. 资源管理器

7. 在"资源管理器"窗口中，通过（　　　）菜单可以改变文件或文件夹的显示方式。

    A. 文件   B. 查看   C. 编辑   D. 工具

8. Windows 7 中，应用程序窗口右上角可能出现的按钮组合是（　　　）。

    A. 最小化、最大化、还原按钮   B. 最大化、还原、关闭按钮

    C. 最小化、还原、关闭按钮   D. 最小化、最大化按钮

9. Windows 7 中，窗口可以移动和改变大小，而对话框（　　　）。

    A. 既不能移动，也不能改变大小   B. 仅可以移动，不能改变大小

    C. 仅可以改变大小，不能移动   D. 既能移动，也能改变大小

10. 关于 Windows 7 操作系统的叙述中，说法不正确的是（　　　）。

    A. Windows 7 是一个多任务操作系统

    B. Windows 7 是一个单用户操作系统

    C. Windows 7 是一个图形界面操作系统

    D. Windows 7 是一个 32 位操作系统

11. Windows 7 中，关于文件扩展名显示的说明，正确的是（　　　）。

    A. 所有文件扩展名始终显示，与设置无关

    B. 所有文件扩展名始终不显示，与设置无关

    C. 不可以更改文件扩展名是否显示的设置

    D. 可以在"文件夹选项"对话框中设置文件扩展名是否显示

12. Windows 7 中，关于桌面上图标的叙述，错误的是（　　　）。

    A. 除回收站外，其余图标都可以重命名   B. 桌面图标可以重新排列

    C. 桌面图标不能删除   D. 所有桌面图标都可以移动

13. Windows 7 中，下列关于改变窗口大小的说法，不正确的是（　　　）。

    A. 窗口的大小不能被改变

    B. 可以沿上下方向拖动鼠标改变窗口大小

    C. 可以沿左右方向鼠标改变窗口大小

    D. 可以沿对角线方向拖动鼠标改变窗口大小

14. Windows 7 中，关于对话框的叙述，不正确的是（　　　）。

    A. 对话框是一种特殊的窗口   B. 对话框左上角有"控制菜单"框

    C. 按 Alt＋F4 组合键可以关闭对话框   D. 对话框的大小不可以改变

15. Windows 7 中，要卸载某一应用程序，正确的操作是（　　）。
    A. 删除该应用程序的 ".exe" 类型的文件
    B. 删除该应用程序的文件夹
    C. 将桌面上该应用程序的快捷图标拖到回收站
    D. 利用控制面板中的 "程序和功能" 命令卸载

16. Windows 7 中，当系统没有检测到新的即插即用设备时，可以（　　）。
    A. 通过 "添加/删除新硬件" 程序安装　　　B. 更换设备并重新安装
    C. 重新安装驱动程序　　　　　　　　　　D. 关机并重新启动

17. Windows 7 中，对话框中可以进行的操作是（　　）。
    A. 在对话框中输入信息　　　　　　　B. 使用对话框中的帮助按钮
    C. 使用对话框中的命令按钮　　　　　D. 以上都可以

18. Windows 7 中，灰色显示的菜单命令表示（　　）。
    A. 该命令当前不能使用　　　　　　　B. 将弹出对话框
    C. 将切换到另一个窗口　　　　　　　D. 该命令正在使用

19. Windows 7 中，"画图" 程序可以实现（　　）。
    A. 编辑文档　　　　　　　　　　　　B. 查看和编辑图片
    C. 编辑超文本文件　　　　　　　　　D. 制作动画

20. Windows 7 中，使用 "磁盘清理程序" 不可以（　　）。
    A. 压缩磁盘文件　　　　　　　　　　B. 释放硬盘空间
    C. 删除临时文件　　　　　　　　　　D. 删除 Internet 缓存文件

二、多项选择题

本部分试题每题有一个以上正确答案，每题分值为 3 分，共 30 分。

1. Windows 7 中，桌面上排列图标的方式有（　　）。
   A. 按名称　　　　B. 按大小　　　　C. 按属性　　　　D. 按修改时间

2. Windows 7 中，使用键盘打开 "开始" 菜单的操作，不正确的有（　　）。
   A. 按 Shift+Tab 组合键　　　　　　　B. 按 Ctrl+Shift 组合键
   C. 按 Ctrl+Esc 组合键　　　　　　　　D. 按空格键

3. Windows 7 中，关于文件名的叙述，正确的有（　　）。
   A. 文件名至多可有 8 个字符　　　　　B. 文件名中允许使用多个圆点分隔符
   C. 文件名中允许使用空格　　　　　　D. 文件名中不区分大小写字母

4. Windows 7 中，"记事本" 程序可以进行的操作有（　　）。
   A. 对文字进行简单编辑　　　　　　　B. 更换中文输入法
   C. 设置文本的字体格式　　　　　　　D. 进行打印文档的页面设置

5. Windows 7 中，磁盘扫描程序的主要功能有（　　）。
   A. 检测文件及文件夹是否有错　　　　B. 对硬盘的碎片进行整理
   C. 扫描磁盘表面，检测是否有错误　　D. 压缩磁盘文件

6. Windows 7 中，任务栏可以（　　）。
   A. 被隐藏　　　　　　　　　　　　　B. 存放应用程序图标
   C. 存放文件的部分内容　　　　　　　D. 被移动

7. Windows 7 中，以下有效的文件名有（　　　）。

    A. 2.txt.doc　　　　　　B. CPU　　　　　　C. CON　　　　　　D. JJA.11

8. Windows 7 中，可以实现关闭窗口的操作有（　　　）。

    A. 单击"关闭"按钮　　　　　　　　　B. 双击控制菜单按钮

    C. 按键盘上的 Alt+F4　　　　　　　　D. 双击标题栏

9. Windows 7 中，"文件夹选项"对话框可以设置的选项有（　　　）。

    A. 设置打开项目的方式　　　　　　　B. 设置文件夹是否允许带扩展名

    C. 设置是否启用"脱机文件　　　　　D. 新建或删除注册文件类型

10. Windows 7 中，应用程序窗口右上角不可能出现的按钮组合是（　　　）。

    A. 最小化、最大化、还原按钮　　　　B. 最大化、还原、关闭按钮

    C. 最小化、还原、关闭按钮　　　　　D. 最小化、最大化按钮

三、判断题

请判断每题说法是否正确，每题分值为 2 分，共 30 分。

（　　　）1. Windows 7 中，"回收站"是硬盘上的一块存储空间。

（　　　）2. Windows 7 中，用鼠标右键单击不同图标，弹出的快捷菜单内容都是一样的。

（　　　）3. Windows 7 中，对话框中的列表框是给用户提供信息的。

（　　　）4. Windows 7 中，鼠标右键单击"开始"按钮，弹出的快捷菜单中没有"运行"命令。

（　　　）5. Windows 7 中，文件"重命名"命令在"查看"菜单下。

（　　　）6. Windows 7 中，右键单击任务栏空白处，选择快捷菜单中的"属性"命令，可以对任务栏进行设置。

（　　　）7. Windows 7 中，"复制""剪切"和"粘贴"命令在"资源管理器"窗口的"编辑"菜单中。

（　　　）8. Windows 7 中，当改变窗口的大小使窗口中的内容显示不开时，窗口中会自动出现垂直滚动条或水平滚动条。

（　　　）9. Windows 7 中，可以安装多台打印机，但只能有一台默认打印机。

（　　　）10. Windows 7 中，屏幕上可以出现多个窗口，但只能有一个是活动窗口。

（　　　）11. Windows 7 中，选中名字前带有"√"标记的菜单项，会弹出子菜单。

（　　　）12. Windows 7 中，语言栏可以浮动在桌面上，也可以显示在任务栏上。

（　　　）13. Windows 7 中，支持长文件名，但最长不能超过 255 个字符。

（　　　）14. Windows 7 中，"回收站"被清空后，"回收站"图标不会发生变化。

（　　　）15. Windows 7 中，若设定了屏幕保护程序，那么在指定等待时间内未操作鼠标，屏幕就会自动进入保护状态。

模拟练习二答案

一、单项选择题

1	2	3	4	5	6	7	8	9	10	11	12	13	14	15	16	17	18	19	20
B	B	A	D	A	C	B	C	B	D	D	C	A	B	D	A	D	A	B	A

二、多项选择题

1	2	3	4	5	6	7	8	9	10
ABD	ABD	BCD	ABD	AC	ABD	ABD	ABC	ACD	ABD

三、判断题

1	2	3	4	5	6	7	8	9	10	11	12	13	14	15
对	错	对	对	错	对	对	对	对	对	错	对	对	错	对

模拟练习三

一、单项选择题

本部分试题每题只有一个正确答案，每题分值为 2 分，共 40 分。

1. Windows 7 中，下列关于图标的描述，错误的是（　　　）。
   A. 图标只能代表某类型程序的程序组　　B. 图标可以代表快捷方式
   C. 图标可以代表文件夹　　　　　　　　D. 图标可以代表任何文件

2. Windows 7 中，剪贴板是程序和文件间传递信息的临时存储区，此存储区是（　　　）。
   A. 回收站的一部分　　　　　　　　　　B. 硬盘的一部分
   C. 软盘的一部分　　　　　　　　　　　D. 内存的一部分

3. 安装 Windows 7 操作系统，不能使用的安装方式是（　　　）。
   A. 通过光盘安装
   B. 通过网络安装
   C. "克隆"一个已经安装了 Windows 7 的同类型硬盘
   D. 通过软盘逐个文件复制

4. Windows 7 中，在"文件属性"对话框中不能了解到的信息是（　　　）。
   A. 文件大小　　　　　　　　　　　　　B. 文件最近一次修改的日期
   C. 文件占用硬盘空间的百分比　　　　　D. 文件是否是只读文件

5. 当应用程序因某种原因陷入死循环，下列哪一个方法能较好地结束该程序（　　　）。
   A. 按 Ctrl+Alt+Del 组合键，然后选择"结束任务"，结束该程序的运行
   B. 按 Ctrl+Del 组合键，然后选择"结束任务"，结束该程序的运行
   C. 按 Alt+Del 组合键，然后选择"结束任务"，结束该程序的运行
   D. 直接按 Reset 按钮，结束该程序的运行

6. Windows 7 中，对文件和文件夹的管理是通过（　　　）来实现的。
   A. 对话框　　　　B. 剪贴板　　　　C. 控制面板　　　　D. 资源管理器

7. Windows 7 中，下列操作不能创建应用程序快捷方式的是（　　　）。
   A. 在目标位置单击鼠标右键　　　　　　B. 在对象上单击右键
   C. 用鼠标右键拖拽对象　　　　　　　　D. 在目标位置单击鼠标左键

8. Windows 7 中，要恢复被误删除的文件，应使用（　　　）。
   A. 资源管理　　　　B. 文档　　　　C. 控制面板　　　　D. 回收站

9. Windows 7 中，下列关于"快捷方式"的说法，错误的是（　　　）。
   A. 可以使用快捷方式打开应用程序

B. 快捷方式的图标可以更改

C. 可以在桌面上创建打印机的快捷方式

D. 删除快捷方式后，它所指向的项目也会被删除

10. Windows 7 中，"任务栏"中部显示的是（　　　）。

    A. 当前窗口的按钮

    B. 除当前窗口外所有被最小化窗口的按钮

    C. 所有被打开窗口的按钮

    D. 除当前窗口外所有被打开窗口的按钮

11. Windows 7 中，工具栏中的（　　　）按钮作用是进入上一级文件夹。

    A. 后退 　　　　　　B. 前进 　　　　　　C. 撤销 　　　　　　D. 恢复

12. 一般情况下，下列文件形式中，是声音文件的是（　　　）。

    A. 扩展名为.WAV 　　　　　　　　　　B. 扩展名为.EXE

    C. 扩展名为.DOC 　　　　　　　　　　D. 扩展名为.XLS

13. 在"资源管理器"窗口中，如果要同时选定相邻的多个文件，需要按（　　　）键。

    A. Shift 　　　　　　B. Alt 　　　　　　C. Ctrl 　　　　　　D. F8

14. Windows 7 中，U 盘上被删除的文件（　　　）。

    A. 能通过"回收站"恢复 　　　　　　B. 不能通过"回收站"恢复

    C. 保存在硬盘上 　　　　　　　　　　D. 保存在内存中

15. 选定文件或文件夹后，若将它们移到不同驱动器的文件夹中，操作为（　　　）。

    A. 按下 Ctrl 键拖动鼠标 　　　　　　B. 按下 Shift 键拖动鼠标

    C. 直接拖动鼠标 　　　　　　　　　　D. 按下 Alt 键拖动鼠标

16. Windows 7 中，用鼠标双击窗口标题栏，可以（　　　）。

    A. 关闭窗口 　　　　　　　　　　　　B. 最小化窗口

    C. 移动窗口 　　　　　　　　　　　　D. 在最大化窗口和恢复窗口间切换

17. Windows 7 中，以下叙述错误的是（　　　）。

    A. 应用程序窗口被最小化后仍在运行

    B. 在不同磁盘间可以采用鼠标拖动的方法实现文件复制

    C. 桌面上打开的所有窗口都是活动窗口

    D. 不同文件之间可以通过剪贴板交换信息

18. Windows 7 中，下列操作不能在任务栏中完成的是（　　　）。

    A. 设置系统日期和时间 　　　　　　　B. 排列桌面图标

    C. 排列和切换窗口 　　　　　　　　　D. 打开"开始"菜单

19. Windows 7 操作系统的窗口中，下列正确的描述是（　　　）。

    A. 都有水平滚动条 　　　　　　　　　B. 都有垂直滚动条

    C. 可能出现水平或垂直滚动条 　　　　D. 都有水平和垂直滚动条

20. 在"资源管理器"窗口中，选定硬盘上的文件或文件夹，并按 Shift+Delete 组合键和"确定"按钮，则该文件或文件夹将（　　　）。

    A. 被删除并放入回收站 　　　　　　　B. 不被删除也不放入回收站

    C. 被删除但不放入回收站 　　　　　　D. 不被删除但放入回收站

二、多项选择题

本部分试题每题有一个以上正确答案，每题分值为 3 分，共 30 分。

1. Windows 7 中，两个管理系统资源的程序组，它们分别是（　　）。
   A. 计算机　　　　　　B. 资源管理器　　　　　C. 我的文档　　　　D. 网上邻居

2. Windows 7 中，从理论上说可以自己运行的文件有（　　）。
   A. A.OBJ　　　　　　B. A.TXT　　　　　　C. A.EXE　　　　　D. A.COM

3. Windows 7 中，桌面上已经有某应用程序的图标，要运行该程序，可以（　　）。
   A. 用鼠标左键单击该图标
   B. 用鼠标右键单击该图标
   C. 用鼠标左键双击该图标
   D. 用鼠标右键双击该图标

4. Windows 7 中，将对象传送到剪贴板，正确的方法有（　　）。
   A. 用"复制"命令把选定的对象传送到剪贴板
   B. 用"剪切"命令把选定的对象传送到剪贴板
   C. 用 Ctrl+V 组合键把选定的对象传送到剪贴板
   D. 用 Alt+PrintScreen 组合键把当前窗口传送到剪贴板

5. Windows 7 中，对"剪贴板"的描述，正确的是（　　）。
   A. 只有经过"剪切"或"复制"操作后，才能将选定的内容存入"剪贴板"
   B. "剪贴板"提供了文件内部或文件之间进行信息交换的手段
   C. "剪贴板"的大小是动态改变的
   D. 一旦断电，"剪贴板"中的内容将不复存在

6. 在"资源管理器"窗口中，"文件"菜单中的"发送到"命令可以（　　）。
   A. 把选择好的文件复制到任意一个文件夹
   B. 把选择好的文件交某个应用程序去处理
   C. 把选择好的文件或文件夹装入内存
   D. 把选择好的文件或文件夹复制到 U 盘

7. Windows 7 中，关于对"附件"中的常用应用程序描述，正确的是（　　）。
   A. 记事本一般用于编辑纯文本文件
   B. 写字板是一个字处理软件，可以实现图文混排
   C. 画图是一个绘图软件，不可以在图形中插入文字
   D. 计算器包含普通计算器和科学计算器两种功能

8. Windows 7 中，关于剪贴板的叙述，正确的是（　　）。
   A. 可以利用剪贴板移动文件
   B. 关机后剪贴板中的信息会保留至下次使用
   C. 按下 PrintScreen 键会往剪贴板传送信息
   D. 剪贴板中的信息可以用磁盘文件的形式保存

9. Windows 7 中，"显示属性"对话框中可以进行的设置是（　　）。
   A. 设置屏幕分辨率
   B. 设置屏幕保护程序
   C. 设置屏幕是彩色显示还是黑白显示

10. Windows 7 中，关于对话框的叙述，正确的是（　　）。

    A. 对话框中可以弹出新的对话框

    B. 对话框不经处理可自行消失

    C. 对话框中可以含有单选项

    D. 对话框中必须含有让用户表示"确认"的选项

三、判断题

请判断每题说法是否正确，每题分值为 2 分，共 30 分。

（　　）1. Windows 7 中，呈灰色显示的菜单命令意味着该命令当前不能使用。

（　　）2. Windows 7 是一个多用户多任务操作系统。

（　　）3. Windows 7 中，使用"磁盘清理程序"可以压缩磁盘文件。

（　　）4. Windows 7 操作系统是 IBM 公司推出的操作系统。

（　　）5. Windows 7 中，文件复制是指在保留原文件不变的情况下，在磁盘中产生一个或多个与文件相同的文件

（　　）6. Windows 7 中，菜单命令后带有省略号，表示该命令有子命令。

（　　）7. Windows 7 中，查找文件时，可以使用"*"字符代表文件名所允许的任何字符进行查找。

（　　）8. Windows 7 中，对话框一般在执行菜单命令或单击命令按钮之前出现。

（　　）9. Windows 7 中，剪贴板和回收站占用的存储区分别是硬盘和内存的一部分。

（　　）10. Windows 7 中，要将整个桌面全部复制到剪贴板，应按 PrintScreen 键。

（　　）11. Windows 7 中，不可以在驱动器目录下新建文件夹。

（　　）12. Windows 7 中，删除文件夹时，该文件夹中所有子文件夹和文件也被删除。

（　　）13. Windows 7 中，同一个文件夹中不能有两个相同文件名的文件。

（　　）14. 使用"粘贴"命令可以将剪贴板上的信息多次粘贴在插入点的位置上。

（　　）15. Windows 7 中，安装操作系统的磁盘格式化后，磁盘上的其他数据将全部丢失，但操作系统数据不会受到影响。

模拟练习三答案

一、单项选择题

1	2	3	4	5	6	7	8	9	10	11	12	13	14	15	16	17	18	19	20
A	D	D	C	A	D	D	D	D	C	A	A	A	B	C	D	C	B	C	C

二、多项选择题

1	2	3	4	5	6	7	8	9	10
AB	CD	BC	AB	ABD	BD	ABD	ACD	AB	ABD

三、判断题

1	2	3	4	5	6	7	8	9	10	11	12	13	14	15
对	对	错	错	对	错	对	错	错	对	错	对	对	对	错

模拟练习四

一、单项选择题

本部分试题每题只有一个正确答案，每题分值为 2 分，共 40 分。

1. 下列关于 Windows 7 窗口的叙述中，错误的是（　　）。
   A. 窗口是应用程序运行后的工作区域　　B. 同时打开的多个窗口可以重叠排列
   C. 窗口的位置和大小可以改变　　　　　D. 窗口位置可以移动，大小不能改变

2. Windows 7 中，"控制面板"窗口中不能进行的工作是（　　）。
   A. 查看系统的硬件配置　　　　　　　　B. 增加或删除程序
   C. 调整任务栏在桌面上的位置　　　　　D. 更换新的网络协议

3. 在"回收站"窗口中，一次可以还原（　　）个文件或文件夹。
   A. 1　　　　　　　B. 10　　　　　　　C. 30　　　　　　　D. 若干

4. Windows 7 中，"回收站"窗口不可能有（　　）。
   A. 文件夹　　　　　B. 硬盘中的文件　　C. 快捷方式　　　　D. 软盘中的文件

5. 单击某应用程序窗口的"最小化"按钮后，该应用程序处于（　　）状态。
   A. 不确定　　　　　　　　　　　　　　B. 被强制关闭
   C. 被暂时挂起　　　　　　　　　　　　D. 在后台继续运行

6. Windows 7 中，可以利用（　　）在打开的窗口之间进行切换。
   A. 任务栏　　　　　B. 标题栏　　　　　C. 滚动条　　　　　D. 工具栏

7. Windows 7 中，能实现中文和英文标点切换的组合键是（　　）。
   A. Ctrl+Shift　　　B. Shift+空格　　　C. Ctrl+空格　　　　D. Ctrl+圆点

8. Windows 7 中，关于新建文件夹的正确做法：在资源管理器右窗格空白处（　　）。
   A. 单击鼠标左键，在弹出的快捷菜单中选择"新建→文件夹"
   B. 单击鼠标右键，在弹出的快捷菜单中选择"新建→文件夹"
   C. 双击鼠标左键，在弹出的快捷菜单中选择"新建→文件夹"
   D. 三击鼠标左键，在弹出的快捷菜单中选择"新建→文件夹"

9. Windows 7 中，任务栏不可以（　　）。
   A. 删除　　　　　　B. 隐藏　　　　　　C. 改变大小　　　　D. 移动

10. Windows 7 中，"资源管理器"窗口分为左、右两个窗格，右窗格用来（　　）。
    A. 显示活动文件夹中包含的文件夹或文件
    B. 显示被删除的文件夹中包含的文件夹或文件
    C. 显示被复制的文件夹中包含的文件夹或文件
    D. 显示新建文件夹中包含的文件夹或文件

11. 在"回收站"窗口中，用鼠标右键单击某一文件，快捷菜单中不会出现（　　）。
    A. 复制　　　　　　B. 剪切　　　　　　C. 删除　　　　　　D. 还原

12. Windows 7 中，可以用来做墙纸的文件格式是（　　）。
    A. *.doc　　　　　B. *.c　　　　　　　C. *.bmp　　　　　　D. *.txt

13. Windows 7 中，按（　　）键可以得到帮助信息。
    A. F1　　　　　　B. F2　　　　　　　C. F3　　　　　　　D. F10

14. Windows 7 中，桌面上有各种图标，图标在桌面上的位置（　　　）。

    A. 不能移动

    B. 可以移动，但只能由 Windows 系统完成

    C. 可以移动，既可由 Windows 系统完成，又可由用户自己完成

    D. 可以移动，但只能由用户自己完成

15. Windows 7 中，下列叙述中说法正确的是（　　　）。

    A. "开始"菜单只能用鼠标单击"开始"按钮才能打开

    B. "开始"菜单由系统自动生成，用户不能再设置

    C. 任务栏的大小是不能改变的

    D. 任务栏可以放在桌面四边的任意边上

16. 在 MS-DOS 方式下，按（　　　）键可以在全屏模式和窗口模式之间的转换。

    A. Ctrl+Shift   B. Shift+Space   C. Alt+Enter   D. Ctrl+Enter

17. Windows 7 中，要使某文件不被修改和删除，可以把该文件属性设置为（　　　）。

    A. 只读   B. 隐藏   C. 存档   D. 系统

18. Windows 7 中，将鼠标指针移到窗口的（　　　）上拖曳，可以移动窗口。

    A. 工具栏   B. 标题栏   C. 状态栏   D. 编辑栏

19. Windows 7 中，为了实现中文与英文输入方式的切换，应按键（　　　）。

    A. Ctrl+空格   B. Shift+Tab   C. Shift+空格   D. Alt+F4

20. Windows 7 中，关于"开始"菜单的说法，正确的是（　　　）。

    A. "开始"菜单的内容是固定不变的

    B. 可以在"开始"菜单中添加，但不可以在"所有程序"子菜单中添加

    C. "开始"菜单和"所有程序"子菜单中都可以添加应用程序

    D. 以上说法都不正确

二、多项选择题

本部分试题每题有一个以上正确答案，每题分值为 3 分，共 30 分。

1. 在"资源管理器"窗口中，当用鼠标左键将选定的文件从源文件夹拖放到目的文件夹时，下面的叙述中错误的是（　　　）。

    A. 无论源文件夹和目的文件夹是否在同一磁盘内，均实现复制

    B. 无论源文件夹和目的文件夹是否在同一磁盘内，均实现移动

    C. 若源文件夹和目的文件夹在同一磁盘内，将实现移动

    D. 若源文件夹和目的文件夹不在同一磁盘内，将实现移动

2. Windows 7 中，如果"任务栏"设置了自动隐藏，则"任务栏"就会从桌面上消失。为了使"任务栏"在需要时显现出来，不必要进行的操作是（　　　）。

    A. 重新启动 Windows 7   B. 取消"任务栏"的自动隐藏属性

    C. 将鼠标指向桌面的边界并停留   D. 重新安装 Windows 7 系统

3. Windows 7 中，假设已经选定文件，以下文件移动的操作中，正确的有（　　　）。

    A. 直接拖至不同驱动器的图标上

    B. 右键拖至同一驱动器另一文件夹上，从快捷菜单中选择"移动到当前位置"

    C. 用鼠标左键拖至同一驱动器的另一文件夹图标上

D. 按住 Ctrl 键，用鼠标左键拖至不同驱动器的图标上

4. 在"资源管理器"窗口中，选定文件或文件夹后，能修改名称的操作是（　　）。

    A. 在"文件"菜单中选择"重命名"命令，键入新名后按回车键

    B. 单击文件或文件夹名，键入新名后按回车键

    C. 右击文件或文件夹名，在快捷菜单中选择"重命名"，键入新名后按回车键

    D. 单击文件或文件夹图标，键入新名后按回车键

5. Windows 7 中，有关写字板的说法，正确的是（　　）。

    A. 可以保存为纯文本文件   B. 无法保存为 Word 文档

    C. 可以改变字体大小   D. 无法插入图片

6. 在"资源管理器"窗口中，利用"编辑"菜单中的"全部选定"命令可以一次选择所有文件，如果要剔除其中的几个文件，以下操作不正确的有（　　）。

    A. 用鼠标左键依次单击各个要剔除的文件

    B. 按住 Ctrl 键，然后用鼠标左键依次单击各个要剔除的文件

    C. 按住 Shift 键，然后用鼠标左键依次单击各个要剔除的文件

    D. 用鼠标右键依次单击各个要剔除的文件

7. Windows 7 中，以下关于"开始"菜单的叙述中，不正确的是（　　）。

    A."开始"菜单中的菜单项可以对应某一文件夹

    B."开始"菜单中的菜单项都对应某一文件

    C."开始"菜单中的菜单项都是相关程序的快捷方式

    D."开始"菜单的内容不可以改变

8. 在启动 Windows 过程中，下列描述正确的是（　　）

    A. 若上次是非正常关机，则系统自动进入硬盘检测进程

    B. 可以不必进行用户身份验证而完成登录

    C. 登录时可以使用用户身份验证制度

    D. 系统启动过程中将自动搜索即插即用设备

9. Windows 7 中，下列（　　）是所有窗口所共同拥有的。

    A. 关闭按钮   B. 标题栏   C. 控制按钮   D. 菜单栏

10. Windows 7 中，"注销 Windows"对话框包含的选项有（　　）。

    A. 关闭计算机   B. 重新启动计算机   C. 切换用户   D. 注销

三、判断题

请判断每题说法是否正确，每题分值为 2 分，共 30 分。

（　　）1. 文件和文件夹一般都有图标，且不同类型的文件一般对应相同的图标。

（　　）2. 在 Windows 7 文件夹窗口中共有 65 个文件，其中有 30 个文件被选定，按组合键 Ctrl+A 后，有 35 个文件被选定。

（　　）3. Windows 7 中，清空回收站后，仍可以使用命令方式恢复。

（　　）4. Windows 7 中，屏幕上可以出现多个窗口，但只有一个是活动窗口。

（　　）5. Windows 7 中，"资源管理器"窗口中的"重命名"命令在"查看"菜单下。

（　　）6. 启动 Windows 7 后，一般屏幕的最下方部分，我们称之为工具栏。

（　　）7. Windows 7 中，"资源管理器"窗口"文件"菜单中的"发送到"命令可以把

选择好的文件或文件夹复制到 U 盘。

（　　）8．Windows 7 中，"资源管理器"窗口分为左、右两个部分，左部分显示磁盘上的文件夹结构，右部分显示指定文件的具体信息。

（　　）9．Windows 7 中，"任务栏"中部显示除当前窗口外所有被最小化的窗口按钮。

（　　）10．Windows 7 中，所有应用程序的菜单项没有差别。

（　　）11．Windows 7 中，磁盘碎片整理程序的主要作用是提高文件访问速度。

（　　）12．Windows 7 中，若在某一个文档中连续进行了多次剪切操作，当关闭该文档时，"剪贴板"中存放的是最后一次剪切的内容。

（　　）13．Windows 7 中，打开一个菜单后，会出现下级级联菜单的标识是菜单项右侧有一个黑色三角形。

（　　）14．Windows 7 中，桌面上的任务栏可以根据需要移动到桌面上的任意位置。

（　　）15．Windows 7 中，由于文件名可以用多个分隔符"．"，因此可能出现无法确定文件扩展名的情况。

模拟练习四答案

一、单项选择题

1	2	3	4	5	6	7	8	9	10	11	12	13	14	15	16	17	18	19	20
D	C	D	D	D	A	D	B	A	A	A	C	A	C	D	C	A	B	A	C

二、多项选择题

1	2	3	4	5	6	7	8	9	10
ABD	ABD	BC	ABC	ABC	ACD	BD	ABCD	ABCD	CD

三、判断题

1	2	3	4	5	6	7	8	9	10	11	12	13	14	15
错	错	错	对	错	错	对	错	错	错	对	对	错	错	错

第九章
Word 2010 模拟练习

模拟练习一

一、单项选择题

本部分试题每题只有一个正确答案，每题分值为 2 分，共 40 分。

1. Word 2010 中，用于控制文档在屏幕上显示大小的是（　　）。

    A. 全屏显示   B. 显示比例   C. 缩放显示   D. 页面显示

2. Word 2010 中，表格的计算公式，下面是运算符的是（　　）。

    A. \\   B. ¥   C. ^   D. @

3. Word 2010 中，以下关于表格的说法，不正确的是（　　）。

    A. Word 表格最多有 63 列

    B. 行高和列宽可以用菜单命令或鼠标调整

    C. 建立表格的方法有 3 种

    D. 表格中第 3 行第 5 列的单元格地址是 C5

4. Word 编辑状态下，当前正在编辑一个新建文档"文档 1"，单击"保存"按钮后，将（　　）。

    A. 弹出"另存为"对话框，供进一步操作

    B. 屏幕提示非法操作

    C. 关闭文档窗口，"文档 1"存入临时文件夹

    D. 自动以"文档 1.docx"为文件名存盘

5. Word 编辑状态下，选取文档中的一行宋体文字后，先设置粗体，再设置斜体，则所选取的一行文字变为（　　）。

    A. 宋体、粗体   B. 粗体、斜体

    C. 宋体、斜体   D. 宋体、粗体、斜体

6. 当前编辑的文档是 C 盘中的 dl.docx，要将文档保存到 U 盘，应当使用（　　）。

    A. "文件/另存为"命令   B. "文件/保存"命令

    C. "文件/新建"命令   D. "文件/打开"命令

7. Word 2010 中，若想控制段落第一行第一个字的起始位置，应该使用（　　）。

    A. 悬挂缩进   B. 首行缩进   C. 左缩进   D. 首字下沉

8. Word 2010 编辑状态下，绘制图形时文档应处于（　　）。

    A. 草稿   B. 阅读版式视图   C. 页面视图   D. 大纲视图

9. Word 2010 中，编辑一个文档后，要想知道打印效果，可以使用命令（　　　）。

  A. 打印预览   B. 模拟打印   C. 打印设置   D. 屏幕打印

10. Word 2010 中，如果要设置文档的定时自动保存功能，应当使用（　　　）。

  A. "文件/属性"命令   B. "文件/新建"命令

  C. "文件/选项"命令   D. "文件/信息"命令

11. Word 编辑状态下，打开文档 ABC，修改后另存为 ABD，则文档 ABC（　　　）。

  A. 被 ABD 覆盖 B. 被修改未关闭 C. 未修改并关闭 D. 被修改并关闭

12. Word 2010 中，下列不是段落对齐方式的是（　　　）。

  A. 左对齐   B. 右对齐   C. 分散对齐   D. 上下对齐

13. Word 是（　　　）软件包中的一个组件。

  A. Ad   B. Office   C. Internet   D. Vis

14. Word 2010 中，若输入的段落有多行，在到达行尾时，（　　　）来换行。

  A. 不用按回车键   B. 必须按回车键

  C. 必须按空格键   D. 必须按换档键

15. 当插入点位于表格某行的最后一个单元格外的行结束符前，按回车键（　　　）。

  A. 在插入点所在行前插入一空行   B. 在插入点所在行后插入一空行

  C. 插入点所在的行高加高   D. 对表格不起作用

16. Word 2010 中，要使单词以粗体显示，应进行的操作是（　　　）。

  A. 选定单词后单击"加粗"按钮 B. 选定单词，然后按 Ctrl+空格键

  C. 单击"加粗"按钮，然后输入单词 D. A 和 C 都对

17. Word 2010 中，进行插入表格操作时，以下说法正确的是（　　　）。

  A. 可以调整每列的宽度，但不能调整行的高度

  B. 可以调整每行和每列的高度和宽度，但不能随意修改表格线

  C. 不能划斜线

  D. 以上都不对

18. Word 2010 中，要让输入的标题居中，可以使用的操作是（　　　）。

  A. 用空格键来调整   B. 用 Tab 键来调整

  C. 单击"居中"按钮自动定位   D. 用鼠标定位来调整

19. Word 2010 中，下列关于分栏的说法，正确的是（　　　）。

  A. 最多可以设置 4 栏   B. 各栏的宽度必须相同

  C. 各栏的宽度可以不同   D. 各栏之间的间距是固定的

20. Word 2010 中，关于表格操作的叙述，错误的是（　　　）。

  A. 在表格的单元格中，除了输入文字、数字，还可以插入图片

  B. 表格的每一行中各单元格的宽度可以不同

  C. 表格的每一行中各单元格的高度可以不同

  D. 表格的表头单元格可以绘制斜线

二、多项选择题

本部分试题每题有一个以上正确答案，每题分值为 3 分，共 30 分。

1. 启动 Word 2010 的方法有多种，下列方法正确的是（　　　）。

  A. 单击桌面上 Word 快捷方式

B. 在任务栏的"快速启动"栏中单击 Word 快捷方式

C. 在"开始"菜单"所有程序"子菜单中单击 Word 程序名

D. 通过"搜索"命令找到 Word 应用程序后，双击该程序图标

2. Word 2010 中，在表格中可以使插入点在单元格间移动的操作是（   ）。

A. Shift+Tab   B. Tab   C. Ctrl+Home   D. Backspace

3. 在 Word 编辑文档的过程中突然断电，则输入的内容会（   ）。

A. 有可能全部丢失   B. 全部由系统自动保存

C. 是否保存根据系统的设置   D. 部分内容由系统保存在内存中

4. Word 编辑状态下，打开了一个文档，并且对文档作了修改，又做了关闭文档操作，则不会出现的是（   ）。

A. 文档被关闭，并自动保存修改后的内容

B. 文档不能关闭，并提示出错

C. 文档被关闭，修改后的内容不能保存

D. 弹出对话框，并询问是否保存对文档的修改

5. Word 2010 中，有关光标和鼠标位置的说法，错误的是（   ）。

A. 光标和鼠标的位置始终保持一致

B. 光标是不动的，鼠标是可以动的

C. 光标代表当前文字输入位置，鼠标用来确定光标位置

D. 没有光标和鼠标之分

6. Word 2010 中，要将文档一部分内容复制到另一位置，应进行的操作是（   ）。

A. 剪切   B. 选择文本块   C. 复制   D. 粘贴

7. 如果在 Word 文档中插入图片，那么图片可以放在文字的（   ）。

A. 左边   B. 中间   C. 下面   D. 右边

8. Word 2010 中，有关"首字下沉"命令的说法，正确的是（   ）。

A. 可以根据需要调整下沉行数

B. 最多可以下沉三行

C. 可以悬挂下沉

D. 可以根据需要调整下沉文字与正文的距离

9. Word 2010 中，要将文档中某词全部删除或变为另一词，不合适的方法是（   ）。

A. 打开"查找"对话框，然后对每一查找结果进行删除操作或输入另一词

B. 使用"工具"菜单中的"修订"命令

C. 使用"工具"菜单中"自动更正"命令

D. 单击"查找"对话框中"替换"标签，在"替换为"框中不输或输入另一词

10. Word 2010 中，不能实现分段操作的是（   ）。

A. 按回车键   B. 按 Shift+Enter 键

C. 按 Ctrl+Enter 键   D. 按 Alt+Enter 键

三、判断题

请判断每题说法是否正确，每题分值为 2 分，共 30 分。

（   ）1. 在 Word 文档中插入图片后，可以对图片进行删除、剪裁、缩放等操作。

（　　　）2．使用 Word 的绘图工具可以绘出矩形、直线、椭圆等多种形状的图形。

（　　　）3．Word 2010 中，选定一块文本后，按 Enter 键可以使其单独成为一段。

（　　　）4．Word 2010 中，在表格中输入公式时，必须以加号开头。

（　　　）5．Word 2010 中，"恢复"命令的功能是将误删除的文档内容恢复到原来位置。

（　　　）6．Word 2010 不仅能处理文字，还能插入图片、声音等，但不能输入数学公式。

（　　　）7．Word 编辑状态下，若把当前文档进行"另存为"操作并换名存盘，则原文档被当前文档覆盖。

（　　　）8．退出 Word 2010 的正确操作方法是选择"文件"菜单中的"关闭"命令。

（　　　）9．Word 2010 中，查找操作内容不能夹带通配符。

（　　　）10．Word 2003 中，修改一文档时，必须把插入点移到需要修改的位置或选定修改的文本。

（　　　）11．Word 编辑状态下，选定文档中的一行，按下 Delete 键后，该行被删除。

（　　　）12．Word 2010 中，可以将插入的图片设置为水印效果。

（　　　）13．Word 2010 中，编辑一个旧文档的过程中单击"保存"按钮，会弹出"另存为"对话框，从中可以设置文件的保存位置、文件名和扩展名。

（　　　）14．Word 2010 中，在文档输入过程中，凡是已经显示在屏幕上的内容，都已经被保存在硬盘上。

（　　　）15．Word 编辑状态下，执行"粘贴"命令，可将剪贴板中的内容移到插入点处。

模拟练习一答案

一、单项选择题

1	2	3	4	5	6	7	8	9	10	11	12	13	14	15	16	17	18	19	20
B	C	A	A	D	A	B	C	A	C	C	D	B	A	B	D	D	C	C	C

二、多项选择题

1	2	3	4	5	6	7	8	9	10
BCD	AB	AC	ABC	ABD	BCD	ABCD	ACD	ABC	BCD

三、判断题

1	2	3	4	5	6	7	8	9	10	11	12	13	14	15
对	对	错	错	错	错	错	错	错	对	对	对	错	错	错

模拟练习二

一、单项选择题

本部分试题每题只有一个正确答案，每题分值为 2 分，共 40 分。

1．Word 2010 中，字符格式化不包括下面的（　　　）操作。

　　A．设置选定字符的字体、字形、字号　　B．设置选定字符的文字动态效果

　　C．设置选定字符的行间距　　　　　　　D．设置选定字符的下划线

2．Word 2010 中，下列关于文档窗口的说法，正确的是（　　　）。

　　A．只能打开一个文档窗口

    B. 可以同时打开多个文档窗口，但其中只有一个是活动窗口

    C. 可以同时打开多个文档窗口，被打开的窗口都是活动窗口

    D. 可以同时打开多个文档窗口，但屏幕上只能见到一个文档窗口

3. 当前活动窗口是文档 d1.doc 的窗口，单击该窗口的"最小化"按钮后（　　　）。

    A. 不显示文档 d1.doc 内容，但文档 d1.doc 并未关闭

    B. 该窗口和文档 d1.doc 都被关闭

    C. 未关闭文档 d1.doc，且继续显示其内容

    D. 关闭文档 d1.doc，但该窗口并未关闭

4. Word 2010 中，下面关于表格单元格的说法，错误的是（　　　）。

    A. 可以以一个单元格为范围设定字符格式

    B. 单元格不是独立的格式设定范围

    C. 在单元格中既可以输入文本，也可以输入图形

    D. 表格中行和列相交的矩形块称为单元格

5. 删除一个段落标记后，前后两个段落将合并成一段，原段落格式的编排（　　　）。

    A. 没有变化   B. 后一段将采用前一段的格式

    C. 后一段格式未定   D. 前一段将采用后一段的格式

6. Word 2010 中，添加下划线的快捷键是（　　　）。

    A. Shift+U   B. Ctrl+I   C. Ctrl+U   D. Ctrl+B

7. Word 2010 中，选定一块文本后，下面操作不可能实现的是（　　　）。

    A. 移动该文本块   B. 复制该文本块

    C. 给该文本块加边框   D. 按 Enter 键使其单独成为一段

8. Word 2010 中，页码缺省的数字格式是（　　　）。

    A. 英文数字   B. 阿拉伯数字   C. 中文数字   D. 法文数字

9. Word 2010 中，使文档中的图片按比例缩放，应选择的操作是（　　　）。

    A. 拖动中间的句柄   B. 拖动四角的句柄

    C. 拖动图片边框线   D. 拖动边框线的句柄

10. Word 2010 中，关于文本与表格转换的描述，正确是（　　　）。

    A. 只能将文本转换成表格   B. 只能将表格转换成文本

    C. 不能进行相互转换   D. 可以互相转换

11. Word 2010 中，"定时自动保存"的作用是（　　　）。

    A. 定时自动地为用户保存模板文档   B. 定时自动地为用户保存备份文档

    C. 为防意外而自动定时保存文档   D. 为防意外保存的文档备份

12. Word 编辑状态下，连续做两次"插入"操作，当单击一次"撤销"按钮（　　　）。

    A. 两次插入的内容全部取消   B. 第一次插入的内容取消

    C. 第二次插入的内容取消   D. 两次插入的内容都不被取消

13. Word 2010 中，下列关于字符格式化的说法，正确的是（　　　）。

    A. 字符格式化只能格式化字体大小

    B. 字符格式化只能格式化字体、字体大小

    C. 字符格式化适用于从单个字母到整个文档中的任何内容

    D. 添加下划线，不属于字符格式化

14. Word 编辑状态下，选择四号字后，按新设置字号显示的文字是（　　　）。
  A. 插入点所在段落的文字　　　　　B. 文档中被选定的文字
  C. 插入点所在行中的文字　　　　　D. 文档中的全部文字

15. Word 2010 中，下列关于"页码"的叙述，正确的是（　　　）。
  A. 不允许使用非阿拉伯数字形式的页码
  B. 文档第一页的页码必须是 1
  C. 可以在文本编辑区中的任何位置插入页码
  D. 页码是页眉或页脚的一部分

16. Word 2010 中，应使用（　　　）功能区中的命令插入页码。
  A. 开始　　　　　B. 插入　　　　　C. 引用　　　　　D. 视图

17. Word 编辑状态下，要打开已建立的页眉/页脚，可以双击（　　　）。
  A. 文本区　　　　B. 页眉/页脚区　　　C. 功能区　　　　D. 工具栏区

18. 不能用 Word 打开并查看的文件类型的扩展名是（　　　）。
  A. .docx　　　　B. .wps　　　　C. .txt　　　　D. .exe

19. Word 2010 中，下列关于"另存为"对话框，说法不正确的是（　　　）。
  A. 在"保存位置"下拉列表中可以选择保存位置
  B. 文件保存类型可以是 Word 文档，也可以是其他类型
  C. 文件名可以是已有文件名，也可以是新的文件名
  D. 可以选择文件的保存日期

20. 以下关于"Word 文本行"的说法中，正确的是（　　　）。
  A. 输入文本内容到达屏幕右边界时，只有按回车键才能换行
  B. Word 文本行的宽度与页面设置有关
  C. Word 文本行的宽度就是显示器的宽度
  D. Word 文本行的宽度用户无法控制

二、多项选择题

本部分试题每题有一个以上正确答案，每题分值为 3 分，共 30 分。

1. Word 2010 中，"页面设置"对话框中可以设置的内容有（　　　）。
  A. 打印份数　　　B. 打印页数　　　C. 纸张方向　　　D. 页边距

2. Word 2010 中，文档中可以插入的对象有（　　　）。
  A. 图片　　　　　B. 自选图形　　　C. 页眉和页脚　　　D. 艺术字

3. Word 2010 中，利用"查找"功能可查找所要内容，以下说法正确的是（　　　）。
  A. 可以查找字符和数字　　　　　B. 可以按字体查找
  C. 不能查找图形　　　　　　　　D. 可以设定查找的方向

4. Word 2010 中，在"字体"对话框的"字体"标签的"效果"复选框中，可以设置的选项有（　　　）。
  A. 删除线　　　　B. 加粗　　　　C. 隐藏　　　　D. 倾斜

5. Word 2010 中，有关段落的悬挂缩进，错误的说法是（　　　）。
  A. 选定段落的第一行位置缩进，其他行位置不变
  B. 选定段落的第一行位置不变，其他行位置缩进

C. 选定的段落左缩进

D. 选定的段落右缩进

6. Word 2010 中，下列说法不正确的是（　　）。

A. 设置字体时要先将光标置于要设置字体的文字之前

B. "字体"对话框里共有"字体"和"高级"2 个标签

C. 进行字符缩放时选项中最大能放大到 300%

D. 进行字符缩放时选项中最大能放大到 200%

7. Word 2010 中，字符格式化包括下面的（　　）操作。

A. 设置选定字符的字体、字形字号　　　　B. 设置选定字符的文字动态效果

C. 设置选定字符的行间距　　　　　　　　D. 设置选定字符的下划线

8. Word 2010 中，有关艺术字的说法，正确的是（　　）。

A. 艺术字是一种对象　　　　　　　　　　B. 可以给艺术字设置阴影和三维效果

C. 可以对艺术字进行旋转　　　　　　　　D. 艺术字的内容一经确定不能修改

9. Word 2010 中，段落格式化的设置不包括（　　）。

A. 首行缩进　　　　B. 合并对齐　　　　C. 行间距　　　　D. 文字颜色

10. Word 2010 中，选定一块文本后，下面操作可以实现的是（　　）。

A. 移动该文本块　　　　　　　　　　　　B. 复制该文本块

C. 给该文本块加边框　　　　　　　　　　D. 按回车键使其单独一段

三、判断题

请判断每题说法是否正确，每题分值为 2 分，共 30 分。

（　　）1. Word 2010 中，段落间距可以通过"段落"对话框中的段前、段后值调整。

（　　）2. Word 2010 中，表格由若干行和列组成，行和列交叉所组成的矩形块称为单元格。

（　　）3. Word 2010 中，对于插入的页眉与页脚，用户不能对其进行修改。

（　　）4. Word 2010 中，为了将光标快速定位于文档起始处，可以按 Ctrl+PageUp 键。

（　　）5. Word 2010 中，选取一个段落，可以将鼠标指针移到该段落内三击鼠标左键。

（　　）6. Word 2010 中，页边距是页面四周的空白区域，也就是正文与页边界的距离。

（　　）7. Word 2010 中，用鼠标拖动方法复制文本时，要对所选文本在按住 Ctrl 键的同时拖动鼠标至目标位置。

（　　）8. Word 2010 中，页眉/页脚在任何视图下都可以显示出来。

（　　）9. Word 2010 中，表格操作中计算求和的函数是 SUM。

（　　）10. Word 2010 中，如果需要对文本格式化，则必须先选择被格式化的文本，然后再对其进行操作。

（　　）11. Word 2010 中，在表格最后一行的行末按 Tab 键可以在表格末添加一个空行。

（　　）12. Word 2010 中，页码可以被插入到文档的左、右页边距。

（　　）13. Word 2010 中，当改变了表格中某个单元格的数值后，计算结果会随之改变。

（　　）14. 在 Word 编辑状态下，如要调整段落的左右边界，用拖动标尺上的缩进标记的方法最为直观、快捷。

（　　）15. 在 Word 文档中，要使一行文本居中，应当先将光标定位在该行。

模拟练习二答案

一、单项选择题

1	2	3	4	5	6	7	8	9	10	11	12	13	14	15	16	17	18	19	20
C	B	A	B	A	C	D	B	B	C	D	C	C	B	D	B	B	D	D	B

二、多项选择题

1	2	3	4	5	6	7	8	9	10
CD	ABCD	ABD	AD	ACD	AC	ABD	ABC	BD	ABC

三、判断题

1	2	3	4	5	6	7	8	9	10	11	12	13	14	15
对	对	错	错	对	对	对	错	对	对	对	错	错	对	对

模拟练习三

一、单项选择题

本部分试题每题只有一个正确答案，每题分值为 2 分，共 40 分。

1. Word 2010 中，要选定整个文档，可以使用快捷键（　　　）。
    A. Ctrl+S　　　　　B. Ctrl+A　　　　　C. Ctrl+V　　　　　D. Ctrl+C

2. Word 2010 中，快捷键 Ctrl+O 的作用是（　　　）。
    A. 新建一个文档　　　　　　　　B. 打开一个文档
    C. 保存当前文档　　　　　　　　D. 关闭当前文档

3. Word 2010 中，让表格的第一行在每一页重复出现，应使用（　　　）命令。
    A. 打印顶端标题行　　　　　　　B. 打印左端标题列
    C. 标题行重复　　　　　　　　　D. 标题列重复

4. Word 2010 中，选定一行文本的方法是（　　　）。
    A. 将鼠标箭头置于该行文本中单击　　B. 用鼠标单击此行左侧的选定区
    C. 用鼠标双击此行左侧的选定区　　　D. 用鼠标三击此行

5. Word 2010 中，文档默认的扩展名是（　　　）。
    A. .WPS　　　　　B. .DOCX　　　　　C. .XLSX　　　　　D. .DOT

6. Word 2010 中，有关表格的说法，不正确的是（　　　）。
    A. B2:C3 表示从 B2 到 C3 的连续单元格区域
    B. 可以删除整行、整列
    C. 按 Tab 键可在单元格之间移动插入点
    D. 单元格命名时，行号在前，列标在后

7. Word 2010 中，要改变文档中单词的字体，必须首先（　　　）。
    A. 把插入点置于单词的首字符前，然后选择字体
    B. 选择整个单词，然后选择字体
    C. 选择所要的字体，然后选择单词
    D. 选择所要的字体，然后单击单词一次

8. Word 2010 中，要使一行文字居中，首先应当（　　）。

    A. 单击"格式"菜单　 B. 单击工具栏上的"居中"按钮

    C. 将光标定位在该行　 D. 单击工具栏上的"B"按钮

9. Word 编辑状态下，将文档标题选中，单击两次"B"按钮，则（　　）。

    A. 产生错误信息　 B. 该标题呈斜体显示

    C. 该标题仍为原来的字符格式　 D. 该标题呈粗体显示

10. Word 2010 中，如果使用了项目符号或编号，则项目符号或编号在（　　）时会自动出现。

    A. 每次按 Enter 键　 B. 按 Tab 键

    C. 一行文字输完并按 Enter 键　 D. 文字输入超过右边界。

11. Word 2010 中，用户利用（　　）可以方便地改变段落缩进、调整左右边界。

    A. 标尺　 B. 工具栏　 C. 菜单栏　 D. 格式栏

12. Word 2010 中，"格式刷"按钮可用于复制文本或段落的格式，若要将选中文本或段落的格式重复应用多次，应该（　　）。

    A. 单击"格式刷"按钮　 B. 双击"格式刷"按钮

    C. 右击"格式刷"按钮　 D. 拖动"格式刷"按钮

13. Word 2010 中，按住（　　）键不放，再拖动鼠标可以选取一个矩形区域。

    A. Shift　 B. Ctrl　 C. Alt　 D. Tab

14. Word 2010 中，"页面设置"对话框中无法设置（　　）。

    A. 是否加页眉/页脚　 B. 是否是横向页面

    C. 奇偶页的页眉/页脚是否相同　 D. 正文是否竖排

15. Word 2010 中，可以对表格中的数据进行排序，正确的是（　　）。

    A. 可以对列数据进行排序　 B. 可以对行数据进行排序

    C. 只能对数据进行升序排列　 D. 只能对数据进行降序排列

16. 使用 Word 2010 编辑的文档，正确的说法是（　　）。

    A. 不能用记事本阅读　 B. 不可以保存成纯文本文件

    C. 可以用任何文本编辑器阅读　 D. 缺省文件名以 TXT 为扩展名

17. Word 2010 中，当插入点位于表格某一单元格内时，按 Enter 键会使（　　）。

    A. 插入点所在的行加宽　 B. 插入点所在的列加宽

    C. 插入点的下一行加宽　 D. 表格线断开

18. Word 编辑状态下，"复制"命令的功能是将选定的文本或图形（　　）。

    A. 复制到剪贴板　 B. 由剪贴板复制到插入点

    C. 复制到文档的插入点位置　 D. 复制到另一个文件的插入点位置

19. Word 2010 中，关于文本框的说法，正确的是（　　）。

    A. 提供了横排和竖排两种类型的文本框

    B. 在文本框中不可以插入图片

    C. 在文本框中不可以使用项目符号

    D. 通过改变文本框的文字方向不可以实现横排和竖排的转换

20. Word 2010 中，单击文档中的图片，产生的效果是（　　）。

    A. 启动图片编辑器进入图片编辑状态　B. 给该图片添加文本框

C. 选中该图片　　　　　　　　D. 弹出快捷菜单

二、多项选择题

本部分试题每题有一个以上正确答案，每题分值为 3 分，共 30 分。

1. 在 Word 2010 的表格处理中，以下叙述正确的是（　　）。
   A. 表格建立后，行数和列数可以修改
   B. 表格的行高和列宽可以修改
   C. 表格中除文字与数据外还可以含有其他对象
   D. 当一个单元格的数据放不下时会自动放到下一个单元格

2. Word 2010 中，下列有关"节"的说法，正确的是（　　）。
   A. 可以给每一个节设置不同的页面格式
   B. 可以以节为单位给文档进行分栏操作
   C. 每一节的页眉页脚和其他节必须相同
   D. 分节是在文档中插入分节符来实现的

3. Word 2010，下列缩进中属于段落缩进的是（　　）。
   A. 左缩进　　　　B. 右缩进　　　　C. 分散缩进　　　　D. 首行缩进

4. Word 2010 中，表格的计算公式中，合法的运算符有（　　）。
   A. \　　　　B. +　　　　C. ^　　　　D. −

5. Word 2010 中，光标落在表格中的某个单元格里，按回车后会出现（　　）。
   A. 换行　　　　　　　　　　B. 列宽加宽
   C. 行高加大　　　　　　　　D. 光标落到下一行的单元格里

6. Word 2010 中，关于"保存"与"另存为"命令，说法正确的是（　　）。
   A. 在文档第一次保存时，两者功能相同
   B. 两者在任何情况下功能都相同
   C. "另存为"命令可以将文件以不同的路径和文件名保存一份
   D. 使用"另存为"命令保存的文件不能与原文件同名

7. 下列视图方式中，属于 Word 2010 视图的是（　　）。
   A. 大纲视图　　　　　　　　B. 页面视图
   C. 联机版式视图　　　　　　D. Web 版式视图

8. Word 2010 中，边框可以应用于（　　）。
   A. 文字　　　　B. 段落　　　　C. 表格　　　　D. 单元格

9. Word 2010 中，有关"间距"的说法，正确的是（　　）。
   A. 在"字体"对话框，可以设置"字符间距"
   B. 在"段落"对话框，可以设置"字符间距"
   C. 在"段落"对话框，可以设置"行间距"
   D. 在"段落"对话框，可以设置"段落间距"

10. Word 2010 中，下列关于表格的说法，正确是（　　）。
    A. 可以删除表格中的某行　　　　B. 可以删除表格中的某列
    C. 按 Delete 键，删除表格内容　　D. 按 Delete 键，删除整个表格

三、判断题

请判断每题说法是否正确，每题分值为 2 分，共 30 分。

（　　）1. Word 2010 中，"打印"对话框中可以设置打印的页码范围，也可以只打印指定页码。

（　　）2. Word 2010 中，建立表格的命令应当到"开始"功能区中去寻找。

（　　）3. Word 2010 中，表格和文本可以相互转换。

（　　）4. Word 2010 中，查看文档打印效果的视图是大纲视图。

（　　）5. Word 2010 中，对表格中的数据进行排序时，可以按照数据的笔画、拼音、数字排序。

（　　）6. Word 2010 中，要合并上、下两个表格，只要删除两个表格中间的内容即可。

（　　）7. Word 2010 中，撤销命令可以使用多次，可以撤销到文档刚刚打开的状态。

（　　）8. Word 2010 中，"打印"对话框可设置打印机属性、打印范围、打印份数等。

（　　）9. Word 2010 中，当"剪切"和"复制"命令呈灰色而不能被选择时，表示选定的文档内容太长，剪贴板上放不下。

（　　）10. Word 2010 中，文本框有横排文本框和竖排文本框之分。

（　　）11. Word 2010 中，在进行字体格式设置时，可以分别设置中文字体和英文字体。

（　　）12. Word 2010 中，要选中几块不连续的文本区域，可以在选中第一块文本的基础上结合 Ctrl 键来完成。

（　　）13. Word 2010 中，表格中每条边的样式都可以不同。

（　　）14. Word 2010 中，艺术型边框只能出现在页面边框。

（　　）15. Word 2010 中，在表格中按 Enter 键可以将光标移到下一单元格。

模拟练习三答案

一、单项选择题

1	2	3	4	5	6	7	8	9	10	11	12	13	14	15	16	17	18	19	20
B	B	C	B	B	D	B	C	C	C	A	B	C	D	B	A	A	A	A	C

二、多项选择题

1	2	3	4	5	6	7	8	9	10
ABC	ABD	ABD	BCD	AC	AC	ABD	ABCD	ACD	ABC

三、判断题

1	2	3	4	5	6	7	8	9	10	11	12	13	14	15
对	错	对	错	对	对	错	对	错	对	对	对	对	对	错

模拟练习四

一、单项选择题

本部分试题每题只有一个正确答案，每题分值为 2 分，共 40 分。

1. Word 2010 中，每个段落的段落标记在（　　）。

　　A. 段落中无法看到　　　　　　　　　　B. 段落的结尾处

C．段落的中部　　　　　　　　　　D．段落的开始处

2．Word 2010 中，下列关于设置页边距的说法，错误的是（　　　）。

　　A．页边距的设置只影响当前页

　　B．用户可以使用"页面设置"对话框来设置页边距

　　C．用户可以使用标尺来调整页边距

　　D．用户既可以设置左、右边距，也可以设置上、下边距

3．下面关于 Word 所编辑的文档个数的说法，正确的是（　　　）。

　　A．用户只能打开一个文档进行编辑　　B．用户只能打开两个文档进行编辑

　　C．用户可以打开多个文档进行编辑　　D．用户可以设定每次打开的文档个数

4．Word 2010 中，改变表格某列宽度时，不影响其他列的宽度，方法是（　　　）。

　　A．直接拖动该列的右边线　　　　　　B．直接拖动该列的左边线

　　C．按住 Shift 键的同时拖动该列右边线　D．按住 Ctrl 键的同时拖动该列右边线

5．在 Word 编辑状态下，选定一些文字后单击"打印"按钮（　　　）。

　　A．将仅打印选定的文字　　　　　　　B．将仅打印选定文字所在的段落

　　C．将仅打印选定文字所在的页　　　　D．将打印整个文档

6．Word 2010 中，格式刷的作用是快速复制格式，其操作技巧是（　　　）。

　　A．单击可以连续使用　　　　　　　　B．双击可以使用一次

　　C．双击可以连续使用　　　　　　　　D．右击可以连续使用

7．Word 2010 中，对文档内容进行复制，操作的第一步是（　　　）。

　　A．按 Ctrl+V　　　B．选择文本　　　　C．按 Ctrl+C　　　　D．光标定位

8．Word 2010 中，使用"格式刷"按钮可以进行的操作是（　　　）。

　　A．复制文本格式　B．保存文本　　　　C．复制文本　　　　D．以上都不对

9．在 Word 编辑状态下，文本编辑区中闪烁的一条竖线表示（　　　）。

　　A．鼠标图标　　　B．光标位置　　　　C．拼写错误　　　　D．按钮位置

10．Word 2010 中，插入的图片默认版式为（　　　）。

　　A．嵌入型　　　　B．紧密型　　　　　C．浮于文字上方　　D．四周型

11．Word 2010 中，下列删除单元格的方法，正确的是（　　　）。

　　A．选中要删除的单元格，按 Delete 键

　　B．选中要删除的单元格，单击"剪切"按钮

　　C．选中要删除的单元格，按 Shift+Delete 键

　　D．选中要删除的单元格，选择右键菜单中的"删除单元格"命令

12．Word 2010 中，把不相邻的两段文字互换位置，可以采用（　　　）来操作。

　　A．剪切　　　　　B．粘贴　　　　　　C．复制＋粘贴　　　D．剪切＋粘贴

13．在 Word 编辑状态下，"页面设置"对话框中可以设置（　　　）。

　　A．保存文档　　　B．删除文档　　　　C．纸张类型　　　　D．打开文档

14．Word 2010 中，提供了单倍、多倍、固定行距等（　　　）种行间距供选择。

　　A．5　　　　　　　B．6　　　　　　　C．7　　　　　　　　D．8

15．Word 2010 中，创建新文档的快捷键是（　　　）。

　　A．Ctrl+O　　　　B．Ctrl+S　　　　　C．Ctrl+N　　　　　D．Ctrl+F

16. 在 Word 编辑状态下，选定文本块后，按住（ ）键并拖动鼠标到目标位置，可以实现文本块的复制。

    A. Ctrl   B. Shift   C. Alt   D. 回车

17. Word 2010 中，要将表格中相邻的两个单元格变成一个单元格，则在选定这两个单元格后，执行（ ）命令。

    A. 删除单元格   B. 合并单元格   C. 拆分单元格   D. 表格属性

18. Word 2010 中，页码与页眉/页脚的关系是（ ）。

    A. 页眉、页脚就是页码

    B. 页码与页眉、页脚彼此独立

    C. 不设置页眉和页脚，就不能设置页码

    D. 如果有页码，页码就是页眉/页脚的一部分

19. Word 2010 中，"打印"对话框设置页面范围为 4–10，16，20，其意义是（ ）。

    A. 打印第 4 页，第 10 页，第 16 页，第 20 页

    B. 打印第 4 页至第 10 页，第 16 页至第 20 页

    C. 打印第 4 页至第 10 页，第 16 页，第 20 页

    D. 打印第 4 页至第 20 页

20. Word 2010 中，打开文档的作用是（ ）。

    A. 将指定的文档从内存中读出，并显示出来

    B. 为指定的文档打开一个空白窗口

    C. 将指定的文档从外存中读出，并显示出来

    D. 显示并打印指定的文档内容

二、多项选择题

本部分试题每题有一个以上正确答案，每题分值为 3 分，共 30 分。

1. Word 2010 中，表格中输入公式时，不能以（ ）开头。

    A. 加号   B. 等号   C. 减号   D. 单引号

2. Word 2010 中，"页面设置"对话框中可以完成的设置有（ ）。

    A. 页边距   B. 纸张大小   C. 打印页码范围   D. 纸张方向

3. Word 2010 中，页眉和页脚的作用范围不是（ ）。

    A. 全文   B. 节   C. 页   D. 段落

4. 下列属于 Word 2010 主要功能的是（ ）。

    A. 编辑文档   B. 格式化文档   C. 数据库管理功能   D. 图形处理

5. Word 2010 中，不能使插入点在单元格间移动的操作是（ ）。

    A. Shift+Tab   B. Tab   C. Ctrl+Home   D. Backspace

6. Word 编辑状态下，要移动一段已经选定的文本，正确的方法是（ ）。

    A. 通过"剪切"和"粘贴"菜单命令

    B. 通过"删除"和"恢复"按钮

    C. 通过 Ctrl+X 和 Ctrl+V 键盘命令

    D. 通过鼠标拖放的方法

7. Word 2010 中，下列关于编辑页眉/页脚的叙述，正确的是（　　　）。

    A. 文档内容和页眉/页脚可以在同一窗口编辑

    B. 文档内容和页眉/页脚可以一起打印

    C. 编辑页眉/页脚时不能编辑文档内容

    D. 页眉/页脚中可以进行格式设置和插入剪贴画

8. Word 2010 中，下列关于表格操作的叙述，正确的是（　　　）。

    A. 可以将表格中的多个单元格合并为一个单元格

    B. 可以将两张表格合并为一张表格

    C. 不能将一张表格拆分成多张表格

    D. 可以给表格添加实线边框

9. Word 编辑状态下，选择一个段落后按 Delete 键，不可能的是（　　　）。

    A. 该段落被删除，不能恢复　　　　　　B. 该段落被删除，但能恢复

    C. 能利用"回收站"恢复被删除的段落　D. 该段落被移到"回收站"

10. Word 2010 中，下列关于图形的叙述，错误的是（　　　）。

    A. 依次单击各个图形，可以选择多个图形

    B. 按住 Shift 键依次单击各个图形，可以选择多个图形

    C. 可以给图形添加三维和阴影效果

    D. 选中图形后，才可以对其进行编辑操作

三、判断题

请判断每题说法是否正确，每题分值为 2 分，共 30 分。

（　　　）1. Word 2010 中，文本编辑区内有一个闪动的竖线，称为插入点，标明可在该处输入文本。

（　　　）2. Word 2010 中，允许用户使用鼠标和键盘两种方法来移动插入点。

（　　　）3. Word 2010 中，选定区域内的文本以反相（黑底白字）显示以示区别。

（　　　）4. Word 2010 中，对选定文本的字符格式进行修改，不影响其后输入的文本。

（　　　）5. Word 编辑状态下，选择了整个表格，然后执行"删除行"命令，则表格中的某一行被删除。

（　　　）6. Word 2010 中，使用绘图工具可以绘出矩形、直线、椭圆等多种形状的图形。

（　　　）7. Word 2010 中，如果已经设置好页眉/页脚，再次进入页眉/页脚区时，只需要双击文本编辑区就行了。

（　　　）8. Word 编辑状态下，光标定位在文档中，并且没有对文档进行任何选取，当设置 2 倍行距后，结果将是全部文档按 2 倍行距格式化。

（　　　）9. Word 2010 中，字符缩放是按照字符宽和高的百分比来设置的。

（　　　）10. Word 2010 中，文本编辑区中的段落标记也会被打印出来。

（　　　）11. Word 2010 中，艺术字整体按照图形处理，还可以对文字进行编辑。

（　　　）12. Word 2010 中，选择文档中的文本只能使用键盘，不能使用鼠标。

（　　　）13. Word 2010 中，文本框中既可以输入文字，也可以插入图形对象。

（　　　）14. Word 2010 中，允许同时打开多个文档窗口，但屏幕上只能看到一个窗口。

（　　　）15. Word 2010 中，文本框的位置无法调整，要想重新定位只能删除该文本框后

重新插入。

模拟练习四答案

一、单项选择题

1	2	3	4	5	6	7	8	9	10	11	12	13	14	15	16	17	18	19	20
B	A	C	C	D	C	B	A	B	A	D	D	C	B	C	A	B	D	C	C

二、多项选择题

1	2	3	4	5	6	7	8	9	10
ACD	ABD	ACD	AB	CD	ACD	BCD	ABD	ACD	ABCD

三、判断题

1	2	3	4	5	6	7	8	9	10	11	12	13	14	15
对	对	对	对	错	对	错	错	对	错	对	错	对	错	错